„Skispringen" (Rechnen mit Größen)

Übungsheft S. 2

Anbindung an die Bildungsstandards:

Die Aufgabe aus der Welt des Sports führt zunächst einmal zu einer kleinen Regelkunde. Die schrittweise Lösung der Aufgaben ist zunächst nicht schwierig. Diese mathematische Modellierung **(K1)** innerhalb der Leitidee **„Zahl" (L1)** könnte auch von jüngeren Schülern durchgeführt werden.
Die Aufgabe b) steht unter der Leitidee **„Funktionaler Zusammenhang" (L4),** wobei die Schüler Vorgänge in die symbolische und formale Sprache der Mathematik übersetzen sollen **(K4)** sowie die Plausibilität der Ergebnisse überprüfen sollen **(K2).**
Der Teil c) gehört völlig in den Bereich der Anwendung mathematischer Werkzeuge **(K5).**

Hinweise und Lösungsansätze:

Die Formel **Weitenpunkte = 60 + (Sprungweite – Normweite) · Schanzenfaktor**

sollte zunächst als Wortformel erarbeitet werden, bevor man sie durch Variable verkürzt. Durch Ausprobieren wird auch deutlich, dass der Wert in der Klammer bei Weiten unter der Normweite negativ wird.

So werden die Aufgaben in die Excel-Tabelle eingegeben:

A	B	C	D	E	F	G	H
1 **Name**	**Weite**	**Weitenpunkte**	**K1**	**K2**	**K3**	**K4**	**K5**
2 Müller	113 m	= 60+(B2-120) ·1,2	17,5	17,0	18	17,5	18,5
3 Meier	127 m	= 60+(B3-120) ·1,2	18,0	17,5	18,0	18,0	18,0
4 Schulze	131 m	= 60+(B4-120) ·1,2	19,0	17,5	19,5	20,0	18,5
5 Lehmann	118 m	= 60+(B5-120) ·1,2	17,5	18,5	18,5	19,0	19,0

	I	J	K	L	M
1	Minimum	Maximum	Haltungspunkte	Punkte	Rang
2	=min(D2:H2)	=max(D2:H2)	=Summe(D2:H2)-I2-J2	=C2+K2	=Rang(L2;$L$2:$L$5)
3	=min(D3:H3)	=max(D3:H3)	=Summe(D3:H3)-I3-J3	=C3+K3	=Rang(L2;$L$2:$L$5)
4	=min(D4:H4)	=max(D4:H4)	=Summe(D4:H4)-I4-J4	=C4+K4	=Rang(L2;$L$2:$L$5)
5	=min(D5:H5)	=max(D5:H5)	=Summe(D5:H5)-I5-J5	=C5+K5	=Rang(L2;$L$2:$L$5)

Die Spalten C, I, J, K, L und M brauchen nur einmal geschrieben und können dann beliebig oft kopiert werden.

Und das zeigt das Rechenblatt:

	A	B	C	D	E	F	G	H
1	Name	Weite	Weitenpunkte	K1	K2	K3	K4	K5
2	Müller	113 m	51,6	17,5	17,0	18	17,5	18,5
3	Meier	127 m	68,4	18,0	17,5	18,0	18,0	18,0
4	Schulze	131 m	73,2	19,0	17,5	19,5	20,0	18,5
5	Lehmann	118 m	57,6	17,5	18,5	18,5	19,0	19,0

	I	J	K	L	M
1	Minimum	Maximum	Haltungspunkte	Punkte	Rang
2	17,0	18,5	53,0	104,6	4
3	17,5	18,0	54,0	122,4	2
4	17,5	20,0	57,0	130,2	1
5	17,5	19,0	56,0	113,6	3

„Was kostet mein Führerschein?" (Rechnen mit Zahlen)

Übungsheft S. 3–4

Anbindung an die Bildungsstandards:

Leitidee (1)
Die Schüler

- rechnen mit natürlichen, gebrochenen und negativen Zahlen, die im täglichen Leben vorkommen, auch im Kopf
- verwenden Prozent- und Zinsrechnung sachgerecht
- prüfen und interpretieren Ergebnisse in Sachsituationen unter Einbeziehung einer kritischen Einschätzung des gewählten Modells und seiner Bearbeitung

Leitidee (2)
Die Schüler

- nehmen in ihrer Umwelt gezielt Messungen vor oder entnehmen Maßangaben aus Quellenmaterial, führen damit Berechnungen durch und bewerten die Ergebnisse sowie den gewählten Weg in Bezug auf die Sachsituation

Leitidee (4)
Die Schüler
- lösen realitätsnahe Probleme im Zusammenhang mit linearen, proportionalen und antiproportionalen Zuordnungen
- wenden insbesondere lineare und quadratische Funktionen sowie Exponentialfunktionen bei der Beschreibung und Bearbeitung von Problemen an

K (1)
- Fragen stellen, die für die Mathematik charakteristisch sind (Gibt es ...?, Wie verändert sich ...?, Ist das immer so ...?), und Vermutungen begründet äußern

K (2)
- den Bereich oder die Situation, die modelliert werden soll, in mathematische Begriffe, Strukturen und Relationen übersetzen
- in dem jeweiligen Modell arbeiten
- Ergebnisse in dem entsprechenden Bereich oder in der entsprechenden Situation interpretieren und prüfen

K (3)
- vorgegebene oder selbst formulierte Probleme bearbeiten
- die Plausibilität der Ergebnisse überprüfen sowie das Finden von Lösungsideen und die Lösungswege reflektieren

K (5)
- mit Variablen, Termen, Gleichungen, Funktionen, Diagrammen, Tabellen arbeiten – symbolische und formale Sprache in natürliche Sprache übersetzen und umgekehrt

K (6)
- Äußerungen von anderen zu mathematischen Inhalten verstehen und überprüfen

Hinweise und Lösungsansätze:

1) Das Sparbuch weist nach 7 Jahren 1475,85 € aus.

2) a)

Vorabkosten	32,00 €
Gebühren der Straßenverkehrsbehörde	41,60 €
Ausbildung in der Fahrschule	1.345,00 €
Prüfungskosten	222,81 €
Gesamtkosten	1.641,41 €

Das Geld auf dem Sparbuch reicht nicht aus.

3) a)

Geschwindigkeit	Reaktionsweg	Bremsweg	Anhalteweg
30	9	9	18
50	15	25	40
70	21	49	70
90	27	81	108
110	33	121	154

4) Jonathans Vermutung ist falsch.

5) Höhere Kosten für Mieten, Versicherungen; Fahrlehrer; höhere Verkehrsdichte erfordert mehr Übung, also mehr Fahrstunden u. a.

6) 3 von 12 Fahrschülern sind 1/4 ; also 25 %
7) 8 „normale“ Fahrstunden + die Anmeldegebühr der Fahrschule und die Prüfungsgebühr der DEKRA sind 240 € + 95 € + 77,72 € = 412,72 €

„Kann Jonathan sich ein Auto leisten?“ (Rechnen mit Zahlen)

Übungsheft S. 5–6

Anbindung an die Bildungsstandards:

Leitidee (1)
Die Schüler
- rechnen mit natürlichen, gebrochenen und negativen Zahlen, die im täglichen Leben vorkommen, auch im Kopf
- verwenden Prozent- und Zinsrechnung sachgerecht
- prüfen und interpretieren Ergebnisse in Sachsituationen unter Einbeziehung einer kritischen Einschätzung des gewählten Modells und seiner Bearbeitung

Leitidee (2)
Die Schüler
- nehmen in ihrer Umwelt gezielt Messungen vor oder entnehmen Maßangaben aus Quellenmaterial, führen damit Berechnungen durch und bewerten die Ergebnisse sowie den gewählten Weg in Bezug auf die Sachsituation

Leitidee (4)
Die Schüler
- lösen realitätsnahe Probleme im Zusammenhang mit linearen, proportionalen und antiproportionalen Zuordnungen

K (2)
- den Bereich oder die Situation, die modelliert werden soll, in mathematische Begriffe, Strukturen und Relationen übersetzen
- in dem jeweiligen Modell arbeiten
- Ergebnisse in dem entsprechenden Bereich oder in der entsprechenden Situation interpretieren und prüfen

K (3)
- vorgegebene oder selbst formulierte Probleme bearbeiten
- geeignete heuristische Hilfsmittel, Strategien und Prinzipien zum Problemlösen auswählen und anwenden
- die Plausibilität der Ergebnisse überprüfen sowie das Finden von Lösungsideen und die Lösungswege reflektieren

K (6)
- Überlegungen, Lösungswege bzw. Ergebnisse dokumentieren, verständlich darstellen und präsentieren

Hinweise und Lösungsansätze:

1) 1.600 € x 1,09 % = 1.744 €   1744 € : 12 = 145,33 €
2) Die Versicherung würde sich auf 1.472,41 € belaufen.
3) Die Steuer beträgt 81,00 €.
4) Jonathan fährt im Jahr 6.600 km zur Arbeit und 4.000 km in der Freizeit: 10.600 km.
   10.600 km x 0,13 € = 1.378 €
5) a) 1.744 € + 1.472,41 € + 81 € + 1.378 € + 600 € Rücklage = 5.275,41 €
   b) Ja
   c) 7.800 € – 5.275,41 € = 2.524,79 €   2.524,79 € : 12 = 210,39916 €, also 210,40 €

d) 535 € - 210,38 € = 324,62 €

6) Es gibt gute Gründe für beide Entscheidungen:
pro: größere Mobilität, Zeitersparnis
kontra: wenig finanzieller Spielraum, finanzieller Aufwand passt nicht zu den Vorteilen, unverhältnismäßig hoher Anteil vom Gehalt

„Bewegung I" (Rechnen mit Zahlen und Geschwindigkeiten)

Übungsheft S. 7–8

Anbindung an die Bildungsstandards:

Für die Lösung der Aufgabe Bewegung I müssen die Schüler
- ein vorgegebenes Problem bearbeiten (K2),
- eine geeignete Strategie zum Problemlösen auswählen (K2),
- eine Situation in mathematische Begriffe, Strukturen und Relationen umsetzen (K3),
- eine Darstellungsform nach Situation und Zweck auswählen (K4),
- mit Variablen, Termen und Gleichungen arbeiten (K5),
- mathematische Werkzeuge (Software) einsetzen (K5),
- Kontrollverfahren ausführen (K5),
- Überlegungen und Lösungswege verständlich darstellen, auch unter Nutzung geeigneter Medien (K6).

Bei dieser Aufgabe arbeiten die Schüler innerhalb der **Leitidee Funktionaler Zusammenhang (L4).** Dabei erkennen und beschreiben sie funktionale Zusammenhänge und stellen sie in sprachlicher und graphischer Form sowie als Term dar.
- Sie lösen ein Problem mit linearen Zuordnungen.
- Sie bestimmen kennzeichnende Merkmale der Funktion.
- Sie beschreiben Veränderungen von Größen mittels Funktionen, auch unter Verwendung eines Tabellenkalkulationsprogrammes.

Hinweise und Lösungsansätze:

Die Aufgabe kann in drei unterschiedlich abstrakten Ebenen gelöst werden, wobei auf dem Schülerarbeitsblatt ausreichend Hilfen angegeben sind.

Lösung I auf der Ebene des Rechnens mit Zahlen:

	Lösungsschritte	Kompetenzen	Leitidee
a)	In den ersten beiden Stunden legt Herr Birnbacher 2 · 80 = 160 km zurück.	K2, K3	L4
b)	Abstand 200 km bedeutet, dass diese Strecke nicht gefahren wird.	K3	L4
c)	Die wirklich zu fahrende Strecke ist 1.520 - 200 - 160 = 1.160 km.	K2, K3	L4
d)	Die gegenseitige Annäherung beträgt 60 + 80 = 140 km/h.	K3	L4
e)	Die Fahrzeit beträgt 1.160 : 140 ≈ 8,29 h ≈ 8:17 h. Herr Birnbacher ist zu dieser Zeit also schon 10:17 h unterwegs. Es ist 13:17 Uhr.	K3, K6	L4
f)	Die restlichen 200 km dauern 200 : 140 ≈ 1,43 h ≈ 1:26 h.	K3	L4
g)	Sie treffen sich rund 11:45 h nach der Abfahrt von Herrn Birnbacher, also etwa um 14:45 Uhr.	K6	L4
h)	Signor Papparazzo ist 9,75 • 60 = 585 km gefahren und so weit ist der Treffpunkt von Rom entfernt.	K2, K3	L4
i)	Das ist ganz klar auf italienischem Staatsgebiet, denn Herr Birnbacher, der schon 935 km zurückgelegt hat, hat den Brenner schon vor 155 km passiert.	K6	

Lösung II auf der Ebene der Gleichungen und Terme:

	Zeit	Geschwindigkeit	Weg
Herr Birnbacher	X	80 km/h	80 x
Signor Papparazzo	X - 2	60 km/h	60 (x - 2)

	Lösungsschritte	Kompetenzen	Leitidee
	Gleichung I: $80x + 60(x - 2) + 200 = 1.520$ $80x + 60x - 120 + 200 = 1.520$ $140x + 80 = 1.520$ $140x = 1.440$ $x \approx 10{,}28$	K2, K3, K5	L4
a)	Etwa 10:17 h nach Abfahrt von Herrn Birnbacher liegt noch eine 200-km-Distanz zwischen ihnen.	K6	L4
	Gleichung II: $80x + 60(x - 2) = 1.520$ $80x + 60x - 120 = 1.520$ $140x = 1.640$ $x \approx 11{,}71$	K2, K3, K5	L4
b)	Etwa 11:45 h nach Abfahrt von Herrn Birnbacher treffen sie sich.	K6	L4

Lösung III auf der Ebene der Tabellenkalkulation:

	A	B	C
1	Gesamtdistanz	1.520	km
2	Noch-Distanz	200	km
3	wirkliche Distanz	= B2 – B1	km
4	Geschwindigkeit Fahrer 1	80	km/h
5	Geschwindigkeit Fahrer 2	60	km/h
6	zeitlicher Vorsprung Fahrer 1	2	h
7	Fahrstrecke gemeinsam	= B3 – B4 • B6	km
8	Annäherungsgeschwindigkeit	= B4 + B5	km/h
9	gesuchte Zeit	B7 ÷ B8	h

In die Felder B1, B2, B4, B5 und B6 kann man neue Zahlen einsetzen und die Tabellenkalkulation verändert die errechneten Werte in den anderen Feldern sofort nach der Eingabe.
Durch den Einsatz von überschaubaren Zahlen, z. B.
Gesamtdistanz 50 km,
Noch-Distanz 5 km,
Geschwindigkeit Fahrer 1 10 km/h,
Geschwindigkeit Fahrer 2 5 km/h,
zeitlicher Vorsprung 0 h,
sieht man den Zusammenhang sofort:
wirkliche Distanz 45 km, Fahrstrecke gemeinsam 45 km, Annäherungsgeschwindigkeit 15 km/h, gesuchte Zeit 3h.

Weitere Arbeit:
Was bedeutet Noch-Distanz 0 km?
Was muss ich in Zeile 6 eingeben, wenn der andere Fahrer zuerst startet?
Welche Zeilen muss man einfügen, wenn gleichzeitig die Entfernungen von Start- und Zielort mit errechnet werden sollen?

„Bewegung II" (Rechnen mit Zahlen und Geschwindigkeiten)

Übungsheft S. 9

Anbindung an die Bildungsstandards:

Für die Lösung der Aufgabe „Bewegung II" müssen die Schüler
- ein vorgegebenes Problem bearbeiten **(K2)**,
- eine geeignete Strategie zum Problemlösen auswählen **(K2)**,
- eine Situation in mathematische Begriffe, Strukturen und Relationen umsetzen **(K3)**,
- mit Variablen, Termen und Gleichungen arbeiten **(K5)**,
- Kontrollverfahren ausführen **(K5)**,
- Überlegungen und Lösungswege verständlich darstellen **(K6)**.

Bei dieser Aufgabe arbeiten die Schüler innerhalb der **Leitidee „Funktionaler Zusammenhang" (L4)**.
Dabei erkennen und beschreiben sie funktionale Zusammenhänge und stellen sie in sprachlicher und grafischer Form sowie als Term dar.
Sie lösen ein Problem mit linearen Zuordnungen.
Sie bestimmen kennzeichnende Merkmale der Funktion.

Hinweise und Lösungsansätze:

1. auf Zahlenebene

	Lösungsschritte	Kompetenzen	Leitidee
	In den 10 Minuten hat Gertrud 2,5 km zurückgelegt.	K2, K3	L4
	Gerd nähert sich Gertrud mit einer Geschwindigkeit von 20 – 15 = 5 km/h.	K2, K3	L4
	Um mit dieser Annäherungsgeschwindigkeit den Abstand zwischen ihnen zu überbrücken, braucht er 30 Minuten.	K2	L4
	40 Minuten nach Gertruds Abfahrt bzw. 30 Minuten nach Gerds Start haben beide dieselbe Strecke zurückgelegt.	K6	L4
	Probe: $\frac{40}{60} \cdot 15 = \frac{30}{60} \cdot 20 \qquad 10 = 10$	K5	L4
	Die von beiden zurückgelegte Strecke ist 10 km.	K6	L4

Hinweis: Die Probe ist praktisch die Gleichung in der folgenden Lösungsstufe.

2. mithilfe einer Gleichung

	Zeit	Geschwindigkeit	Weg
Gertrud	$\frac{x}{60}$	15	$\frac{x}{60} \cdot 15$
Gerd	$\frac{x-10}{60}$	20	$\frac{x-10}{60} \cdot 20$

Da im Moment des Erreichens für beide der Weg gleich lang ist, müssen die Wege gleichgesetzt werden.

	Lösungsschritte	Kompetenzen	Leitidee
a)	$\frac{x}{60} \cdot 15 = \frac{x-10}{60} \cdot 20$ $15x = (x-10) \cdot 20$ $15x = 20x - 200$ $200 = 5x$ $40 = x$	K3, K5	L4
b)	40 Minuten nach Gertruds Abfahrt wird sie eingeholt.	K6	L4
oder c)	$\frac{x+10}{60} \cdot 15 = \frac{x}{60} \cdot 20$ $(x+10) \cdot 15 = 20x$ $15x + 150 = 20x$ $150 = 5x$ $30 = x$	K3, K5	L4
d)	30 Minuten nach Gerds Abfahrt holt er Gertrud ein.	K6	L4

3. auf der formalen Ebene

$$(t_2 + \Delta t)\, v_1 = t_2 v_2$$
$$t_2 v_1 + \Delta t\, v_1 = t_2 v_2$$
$$\Delta t\, v_1 = t_2 v_2 - t_2 v_1$$
$$\Delta t\, v_1 = t_2 (v_2 - v_1)$$

Somit ist t_2:

$$\frac{\Delta t\, v_1}{(v_2 - v_1)}$$

„Divisionsmaschine" (Rechnen mit Zahlen)

Übungsheft S. 10

Anbindung an die Bildungsstandards:

Die Schülerinnen und Schüler müssen bei der Bewältigung dieser Aufgabe
- ein vorgegebenes Problem bearbeiten **(K2)**,
- eine Strategie zum Problemlösen auswählen und anwenden **(K2)**,
- mathematische Werkzeuge sinnvoll und verständig einsetzen **(K5)**,
- Lösungs- und Kontrollverfahren ausführen **(K5)**,
- Lösungswege dokumentieren und verständlich darstellen **(K6)**.

Da die Aufgabe mit dem Aufbau des Zahlensystems zusammenhängt, fällt sie ganz unter die **Leitidee „Zahl" (L1)**.
Dazu nutzen die Schülerinnen und Schüler sinntragende Vorstellungen von rationalen Zahlen, insbesondere von natürlichen, ganzen und gebrochenen Zahlen.
Sie wählen Vorgehensweisen und Verfahren aus, denen Algorithmen zugrunde liegen.

Hinweise und Lösungsansätze:

Es ist günstig, die Vorgänge des Algorithmus beispielhaft in Sätzen (Stichworten) festzuhalten.
Beispiel: $23 \div 7 =$

a) Ich suche, wie oft 7 als Ganzzahl in 23 enthalten ist, und schreibe das Ergebnis 3 auf,
b) Ich multipliziere das gefundene Ergebnis mit dem Divisor und ziehe das Produkt vom Dividenden ab; also Rest 2.
c) Ich erweitere den Rest mit 10 (daher steht das nächste Ergebnis in der Stellenwerttafel eine Stelle weiter rechts!) und verfahre mit der 20 so wie in a) weiter.

Je nach Softwarekenntnissen gibt es sehr elegante und weniger elegante Lösungen. Die hier vorgestellt hält sich an die beschreibenden Sätze in den Lösungshilfen.

	A	B	C	D
1	23	7	= GANZZAHL (A1÷ B1)	= A1 – B1 · C1
2	= D1 · 10	= B1		
3				

Die Befehle müssen ohne Leerstellen eingegeben werden.
Die Befehle aus C1 und D1 werden nach C2 und D2 kopiert, anschließend wird die gesamte Zeile 2 beliebig oft nach unten kopiert.
Das Ergebnis der Division steht in Spalte C untereinander, die Stelle für das Komma ist durch Überschlag zu suchen.

Einige Periodenstellen:

Divisor	Periodenlänge
13	6
17	17
91	6
113	112
151	75
191	190

„Solange du deine Füße ..." (Rechnen mit Größen und Prozenten)

Übungsheft S. 11-12

Anbindung an die Bildungsstandards:

K2 - den Bereich oder die Situation, die modelliert werden soll, in mathematische Begriffe, Strukturen oder Relationen übersetzen
- Ergebnisse in dem entsprechenden Bereich oder der entsprechenden Situation interpretieren und prüfen

K3 - vorgegebene oder selbst formulierte Probleme bearbeiten

K6 - Überlegungen, Lösungswege bzw. Ergebnisse dokumentieren, verständlich darstellen und präsentieren, auch unter Nutzung geeigneter Medien

Die Schüler

L1 - entwickeln sinntragende Vorstellungen von rationalen Zahlen, insbesondere von natürlichen, ganzen und gebrochenen Zahlen, und nutzen diese entsprechen der Verwendungsnotwendigkeit

L1 - runden Rechenergebnisse entsprechend dem Sachverhalt sinnvoll

L1 - verwenden Prozent- und Zinsrechnung sachgerecht

L1 - prüfen und interpretieren Ergebnisse in Sachsituationen unter Einbeziehung einer kritischen Einschätzung des gewählten Modells

L2 - berechnen Flächeninhalt und Umfang von Rechteck, Dreieck und Kreis sowie daraus zusammengesetzter Figuren

L3 - stellen Körper (z. B. als Netz, Schrägbild oder Modell) dar und erkennen Körper aus ihren entsprechenden Darstellungen

Hinweise und Lösungsansätze:

1) Krankenversicherung
12 %
60 €

Pflegeversicherung
6 %
30 €

Arbeitslosenversicherung
5 %
25 €

Rentenversicherung
18 %
90 €

500 € - 205 € = 295 €

2a) Das Zimmer hat 13,64 m^2, der Preis pro Quadratmeter beträgt gerundet 5,87 €.

2b) Länge 3,10 m, Breite 4,40 m, Höhe 2,60 m

2c) Miete 80 € + Nebenkosten 50 € sind 130 €. Dann bleiben Jan noch 165 € zur freien Verfügung.

3) Mögliche Argumentationen: Wenn Jan bereit ist sich einzuschränken, kann er mit dem Geld auskommen. Das ist aber sehr knapp.

Wenn er das zweite Lehrjahr noch bei seinen Eltern wohnt, kann er sparen. Dann hat er ohnehin mehr Geld zur Verfügung und kann sich etwas mehr leisten.

4) Beim Ratenangebot des Kaufhauses bezahlt er insgesamt 864 €, beim Angebot der Bank sind es 888,50 €. Also ist das Angebot des Kaufhauses für Jan günstiger.

„Olympische Winterspiele" (Rechnen mit Größen, Maßstab, Flächeninhalt, Volumen)

Übungsheft S. 13-14

Anbindung an die Bildungsstandards:

K2 – den Bereich oder die Situation, die modelliert werden soll, in mathematische Begriffe, Strukturen oder Relationen übersetzen
– Ergebnisse in dem entsprechenden Bereich oder der entsprechenden Situation interpretieren und prüfen

Die Schüler

L1 – entwickeln sinntragende Vorstellungen von rationalen Zahlen, insbesondere von natürlichen, ganzen und gebrochenen Zahlen, und nutzen diese entsprechend der Verwendungsnotwendigkeit

L2 – nehmen in ihrer Umwelt gezielt Messungen vor oder entnehmen Maßangaben aus Quellenmaterial, führen damit Berechnungen durch und bewerten die Ergebnisse sowie den gewählten Weg in Bezug auf die Sachsituation

Hinweise und Lösungsansätze:

1) Der Abstand auf der Karte beträgt 7,7 cm; dementsprechend ist die Entfernung in Wirklichkeit 9240 km. Die Flugdauer beträgt 9 Stunden und 56 Minuten.
2) Die Scheibe beim stehenden Anschlag ist (gerundet) 6,5-mal so groß, also 5,5-mal größer.
3) a) Das Sektglas hat bis zum Rand gefüllt ein Volumen von 94,2 cm^3.
   b) Wenn man die Gläser randvoll füllen würde, könnte man 16 Gläser damit füllen. In Wirklichkeit sind es natürlich einige mehr; das Volumen nimmt nach oben hin zu.
   c) In Euro beträgt der Preis 37,90 €.
4) a) Das Volumen der Skulptur beträgt (gerundet) 2,604 m^3.
   b) Die Skulptur wiegt 2,388 t.
5) Der Eishockey-Puck hat einen (gerundeten) Radius von 3,81 cm, also einen Durchmesser von 7,62 cm. Es ergibt sich dann ein Volumen von (gerundet) 116 cm^3.
6) a) Nach 4 Stunden ist eine Schneehöhe von 5 cm erreicht, nach 10 Stunden 12,5 cm.
   b) $y = 1{,}25\ x$ (x ist hier die Stundenzahl; y ist die Schneehöhe)
   c) $1{,}25 \cdot x = 20$ $x = 16$ Die erforderliche Schneehöhe ist nach 16 Stunden erreicht.

„Pedro in Brasilien" (Rechnen mit Größen, Geometrie)

Übungsheft S. 15–16

Anbindung an die Bildungsstandards:

K2 – den Bereich oder die Situation, die modelliert werden soll, in mathematische Begriffe, Strukturen oder Relationen übersetzen

- Ergebnisse in dem entsprechenden Bereich oder der entsprechenden Situation interpretieren und prüfen

Die Schüler

L1 - entwickeln sinntragende Vorstellungen von rationalen Zahlen, insbesondere von natürlichen, ganzen und gebrochenen Zahlen, und nutzen diese entsprechend der Verwendungsnotwendigkeit

L2 - nehmen in ihrer Umwelt gezielt Messungen vor oder entnehmen Maßangaben aus Quellenmaterial, führen damit Berechnungen durch und bewerten die Ergebnisse sowie den gewählten Weg in Bezug auf die Sachsituation

L2 - berechnen Streckenlängen und Winkelgrößen, auch unter Verwendung von trigonometrischen Beziehungen und Ähnlichkeitsbeziehungen

L4 - analysieren, interpretieren und vergleichen unterschiedliche Darstellungen funktionaler Zusammenhänge (wie lineare, proportionale und antiproportionale)

L4 - lösen realitätsnahe Probleme im Zusammenhang mit linearen, proportionalen und antiproportionalen Zuordnungen

Hinweise und Lösungsansätze:

1) Die Lösung erhält man über den tan 61°. Die gerundete Breite beträgt 1804 m.
2) a) Die Lösung erhält man ebenfalls über den Tangens. Der Winkel beträgt 0,00127 °.
   b) Das Gefälle beträgt 0,0021 %.
3) a) Pedros Familie besteht aus 15 Personen. Also braucht man zur Ernährung der Familie 1,875 ha oder
   b) 187,5 a oder 18750 m².
4) Pedros Vater verdient an einem kg verkaufter Schokolade 0,16 €.
5) In Brasilien gibt es (gerundet) 13.889 Ärzte.
6) Der Zuckerhut ist 395,627 m + 1,8 m hoch, das ergibt eine gerundete Höhe von 397 m.
7) Jährlich ergibt sich eine Zinsbelastung für Brasilien von 4.800.000.000 $.
   Täglich muss Brasilien damit 131.506,85 $ an Zinsen aufbringen.

„Energiesparlampe" (Zuordnungen)

Übungsheft S. 17

Anbindung an die Bildungsstandards:

(K2) Probleme mathematisch lösen

Dazu gehört:

- vorgegebene und selbst formulierte Probleme bearbeiten,
- geeignete heuristische Hilfsmittel, Strategien und Prinzipien zum Problemlösen auswählen und anwenden.

(L 4) Leitidee „Funktionaler Zusammenhang"

Die Schülerinnen und Schüler

- beschreiben und interpretieren funktionale Zusammenhänge und ihre Darstellungen in Alltagssituationen,
- verwenden für funktionale Zusammenhänge unterschiedliche Darstellungsformen.

Hinweise und Lösungsansätze:

Energiesparlampe, weil hohe Anschaffungskosten, geringe Stromkosten

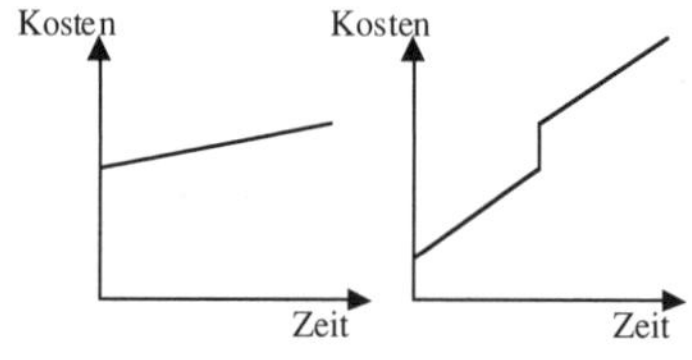

Glühbirne, weil geringe Anschaffungskosten – höherer Verbrauch – geringere Lebensdauer

Kosten Energiesparlampe

	1. Jahr	2. Jahr	3. Jahr	4. Jahr	5. Jahr	6. Jahr
Anschaffungskosten in €	10,-					
Lebensdauer	1825	3650	5475	7300	9125	10950
Leuchtdauer / Jahr	1825	1825	1825	1825	1825	1825
Verbrauch kWh	20,1	40,2	60,2	80,3	100,4	120,5
Stromkosten in €	2,97	5,94	8,91	11,88	14,86	17,83
Gesamtkosten	12,97	15,97	18,91	21,88	24,86	27,83

Kosten herkömmliche Lampe

	1. Jahr	2. Jahr	3. Jahr	4. Jahr	5. Jahr	6. Jahr
Anschaffungskosten in €	1,5	1,5	1,5	1,5	1,5	0,75
Lebensdauer	1825	3650	5475	7300	9125	10950
Leuchtdauer / Jahr	1825	1825	1825	1825	1825	1825
Verbrauch kWh	109,5	219,0	328,5	438,0	547,5	675,0
Stromkosten in €	16,21	32,41	48,62	64,82	81,03	97,24
Gesamtkosten	24,46	40,66	56,87	73,07	89,28	105,49

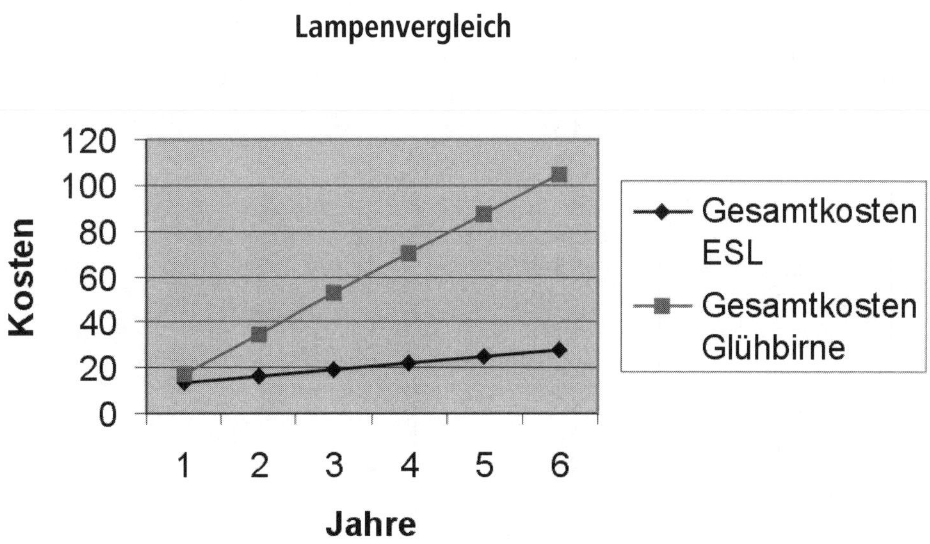

„Bußgeldkatalog" (Zuordnungen)

Übungsheft S. 18–19

Anbindung an die Bildungsstandards:

(L4) Leitidee „Funktionaler Zusammenhang"

Die Schülerinnen und Schüler

- beschreiben und interpretieren funktionale Zusammenhänge und ihre Darstellungen in Alltagssituationen,
- verwenden für funktionale Zusammenhänge unterschiedliche Darstellungsformen,
- unterscheiden proportionale und antiproportionale Zuordnungen in Sachzusammenhängen und stellen damit Berechnungen an.

Hinweise und Lösungsansätze:

1. Lösung: z. B. $y = \frac{x}{2} \cdot 0{,}3$ für die mittlere Spalte, $y = \frac{x}{2} \cdot 0{,}1$ für die rechte Spalte; aber auch andere Lösungen sind richtig, z. B. $y = \frac{x}{2} : 10 \cdot 3$ oder $y = x \cdot 0{,}05$

2. Lösung:

Geschwindigkeit in km/h	1 Monat Fahrverbot 100,– €	3 Monate Fahrverbot 300,– €
50	7,5	2,5
60	9	3
70	10,5	3,5
80	12	4
90	13,5	4,5
100	15	5
110	16,5	5,5
120	18	6
130	19,5	6,5
140	21	7
150	22,5	7,5
160	24	8
170	25,5	8,5
180	27	9
190	28,5	9,5
200	30	10

3.

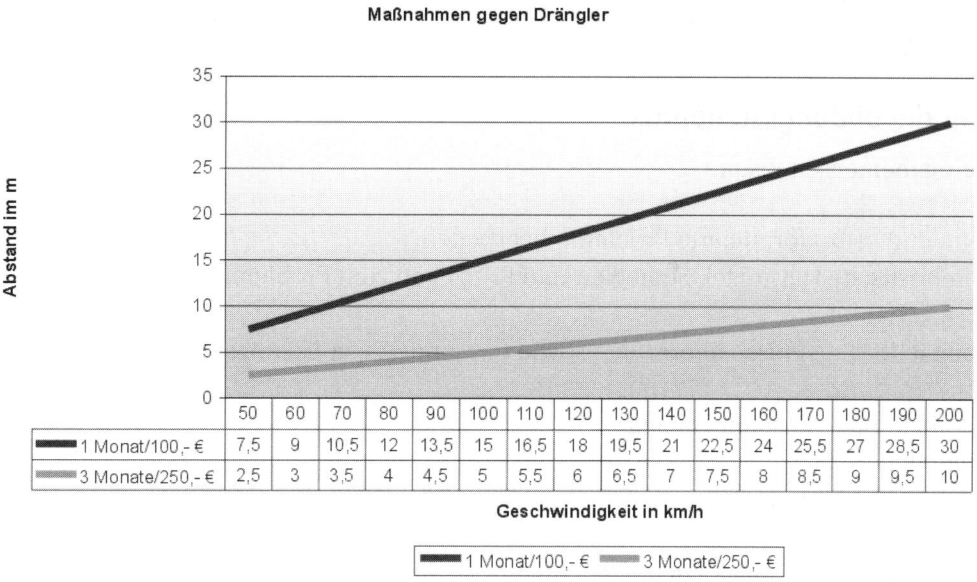

	50	60	70	80	90	100	110	120	130	140	150	160	170	180	190	200
1 Monat/100,- €	7,5	9	10,5	12	13,5	15	16,5	18	19,5	21	22,5	24	25,5	27	28,5	30
3 Monate/250,- €	2,5	3	3,5	4	4,5	5	5,5	6	6,5	7	7,5	8	8,5	9	9,5	10

4. Lösung: $y = \frac{146}{2} \cdot 0{,}3$
   $y = 21{,}9$

5. Bei 200 km/h müsste der Abstand mind. 30 m betragen, d. h., das Auto müsste 7,5 m lang sein. Pkw sind in der Regel kürzer. Herr Hurtig ist zu schnell unterwegs bzw. hält zu wenig Abstand. Er muss bei einer Verkehrskontrolle mit einem Fahrverbot und 100,- € Geldstrafe rechnen. Bei diesem Abstand dürfte er nur ca. 120 km/h fahren.

6. Weil sich bei höherer Geschwindigkeit der Bremsweg um ein Vielfaches verlängert.

7. Tabellenkalkulation:

B3 = =(A3/2/10)*3

	A	B	C
1	Geschwindigkeit	1 Monat Fahrverbo	3 Monat Fahrverbot
2	in km/h	100,- €	300,- €
3	50	7,5	2,5
4	60	9	3
5	70	10,5	3,5
6	80	12	4

C3 = =(A3/2/10)

	A	B	C
1	Geschwindigkeit	1 Monat Fahrverbo	3 Monat Fahrverbot
2	in km/h	100,- €	300,- €
3	50	7,5	2,5
4	60	9	3
5	70	10,5	3,5
6	80	12	4

„Wurfbude“ (funktionaler Zusammenhang)

Übungsheft S. 20

Anbindung an die Bildungsstandards:

(K2) Probleme mathematisch lösen

Dazu gehört:

- vorgegebene und selbst formulierte Probleme bearbeiten,
- geeignete heuristische Hilfsmittel, Strategien und Prinzipien zum Problemlösen auswählen und anwenden,
- die Plausibilität der Ergebnisse überprüfen sowie das Finden von Lösungsideen und die Lösungswege reflektieren.

(L 4) Leitidee Funktionaler Zusammenhang

Die Schülerinnen und Schüler

- beschreiben und interpretieren funktionale Zusammenhänge und ihre Darstellungen in Alltagssituationen,
- verwenden für funktionale Zusammenhänge unterschiedliche Darstellungsformen,
- unterscheiden proportionale und antiproportionale Zuordnungen in Sachzusammenhängen und stellen damit Berechnungen an,
- nutzen die Prozentrechnung bei Wachstumsprozessen (beispielsweise bei der Zinsrechnung), auch unter Verwendung eines Tabellenkalkulationsprogramms.

Hinweise und Lösungsansätze:

Die Tabelle erleichtert das systematische Finden der möglichen Staffelpreise.

1)

	1	2	3	4	5	6	7	8	9	10	11	12
10er-K.												3,60
5er-K .												
3er-K :	0,40		1,20			2,40			3,60			4,80
Einzelk.	0,50	1,00	1,50	2,00	2,50	3,00	3,50	4,00	4,50	5,00	5,50	6,00

Lösung(en):

z. B. für 1,60 € für die 5er-Karte:

	1	2	3	4	5	6	7	8	9	10	11	12
10er-K.	0,30	0,60	0,90	1,20	1,50	1,80	2,10	2,40	2,70	3,00	3,30	3,60
5er-K .	0,32	0,64	0,96	1,28	1,60	1,92	2,24	2,56	2,88	3,20	3,52	3,84
3er-K :	0,40	0,80	1,20	1,60	2,00	2,40	2,80	3,20	3,60	4,00	4,40	4,80
Einzelk.	0,50	1,00	1,50	2,00	2,50	3,00	3,50	4,00	4,50	5,00	5,50	6,00

Alle Lösungen mit 1,60 €, 1,70 €, 1,80 € oder 1,90 € für 5 Würfe sind sinnvoll.
Auch grafische Lösung ist denkbar.

2)

Zahl der Gäste, die an der Wurfbude teilnimmt: $700 \cdot 0{,}4 = 280$

Geringste Einnahme: Jeder macht nur einen Wurf: $280 \cdot 0{,}5$ € = 140,– €

Höchste Einnahme: Jeder 10 Würfe: $280 \cdot 3$,– € = 840,– €

Mögliche Tabelle für 1,60 € für 5 Würfe.

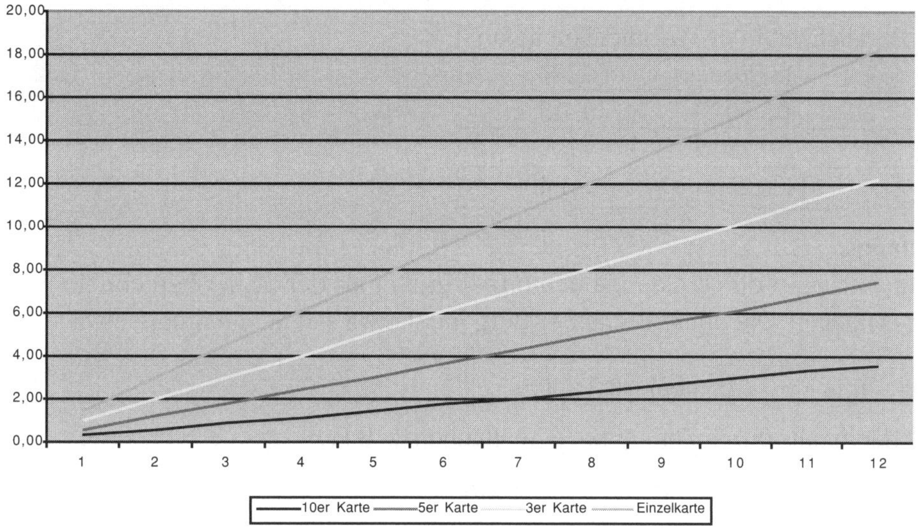

Möglichkeiten zur Weiterarbeit:
Berechnen der Tabellen und Grafiken über eine Tabellenkalkulation.

„Burghausen" (Raum und Form)

Übungsheft S. 21–22

Anbindung an die Bildungsstandards:

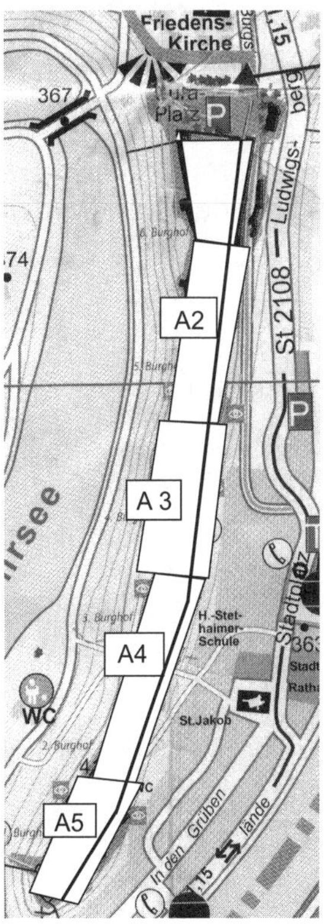

(L3) Leitidee Raum und Form
Die Schülerinnen und Schüler
- erkennen und beschreiben geometrische Objekte und Beziehungen in der Umwelt

(K3) Mathematisch modellieren
Dazu gehört:
- Bereiche oder Situationen, die modelliert werden sollen, in mathematische Begriffe, Strukturen und Relationen übersetzen,
- in dem jeweiligen mathematischen Modell arbeiten.

Hinweise und Lösungsansätze:

1. Für schwächere Schüler eine Kopie der Musterlösung sowie eine Umrechnungstabelle für den Maßstab verwenden.
Maßstab 1 : 7500 bedeutet:
1 cm in der Zeichnung ist 7.500 cm in Wirklichkeit.

Länge in der Karte	· 7500	Länge in Wirklichkeit
1 cm		7500 cm = 75 m
3 cm		22500 cm = 225 m

Bei der Umrechnung der Längen in Flächen muss bedacht werden, dass sich die Umrechnungszahl verändert, wenn mit Flächen gerechnet wird.

Länge der Burg: (auch andere Messungen denkbar)

Karte	Wirklichkeit in m	Wirklichkeit in km
2,5	187,50	0,187
5,54	415,50	0,415
10,63	797,25	0,797
Gesamt: 18,67	1400,25	1,4

Ermittlung des Umfangs:

Der Umfang der Burganlage ist durch die Ausbuchtungen größer als der bisher berechnete Wert, deshalb werden 200 m aufgeschlagen. Die obere Breite der Burg misst etwa 150 m, die untere etwa 45 m.

U = 1,6 km + 1,6 km + 0,15 km + 0,045 km = 3,345 km

Ermittlung des Flächeninhalts durch Zerlegung in Teilflächen, z. B.:

A_{Trapez}: 2,6 cm · (1,75 cm + 0,85 cm) = 6,76 cm^2

$A2_{\text{Parallelogramm}}$: 1,15 cm · 4,15 cm ≈ 4,77 cm^2

$A3_{\text{Parallelogramm}}$: 3,25 cm · 1,5 cm ≈ 4,87 cm^2

$A4_{\text{Parallelogramm}}$: 5 cm · 1 cm = 5 cm^2

$A5_{\text{Parallelogramm}}$: 2,25 cm · 1,5 cm ≈ 3,375 cm^2

Gesamtfläche: 21,39 cm^2

Fläche in der Wirklichkeit:

21,39 cm^2 · 56.250.000 = 1.203.187.500 cm^2 ≈ 120.319 m^2

(Da Flächen umgerechnet werden, beträgt die Umrechnungszahl nicht 7.500, sondern 7.500 · 7.500! Dies sollte vorab problematisiert werden. Denkbar ist auch, dass die Längenmaße der einzelnen Teilflächen in die wirklichen Maße umgerechnet werden und anschließend die Flächenberechnung erfolgt.)

Durchschnittliche Breite der Burg: 120 319 m^2 : 1 400 m ≈ 86 m

Die durchschnittliche Breite lässt sich auch durch verschiedene Stichmaße und Bildung des Mittelwertes ermitteln.

2. Wie verändert sich der Umfang, wenn bei gleicher Fläche die Länge der Burg verkürzt wird?

Fläche in m^2	Länge in m	Breite in m	Umfang in m
120 000	1 400	85,71	2971,43
120 000	1 200	100,00	2600,00
120 000	1 000	120,00	2240,00
120 000	800	150,00	1900,00
120 000	600	200,00	1600,00
120 000	400	300,00	1400,00
120 000	350	342,86	1385,71

Der Umfang wird immer geringer. Den geringsten Umfang hat ein Quadrat.

Bei der Besprechung der Lösung sollte über sinnvolle Genauigkeit und Runden gesprochen werden. Eine eindeutige Lösung ist in diesem Fall nicht möglich.

Diesen Sachverhalt kann man auch als Excel-Tabelle darstellen lassen, z. B. als Hausaufgabe für geübte oder als Differenzierung für schnellere Schüler im Klassenunterricht.

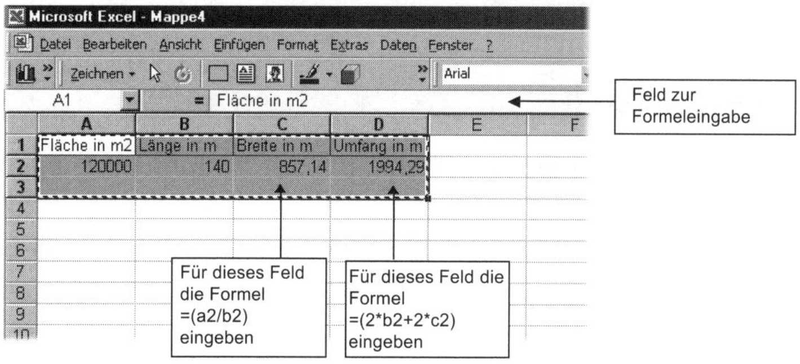

Im Internet sind Bilder und Texte zur Burganlage zu finden.
Dort wird die Länge mit 1.043 m angegeben. Dies ist kürzer als hier berechnet. Hier könnten die Kinder Vermutungen anstellen, wie es zu diesen anderen Zahlen kommt. Einige vorgelagerte Flächen werden nicht zur eigentlichen Burg gerechnet.

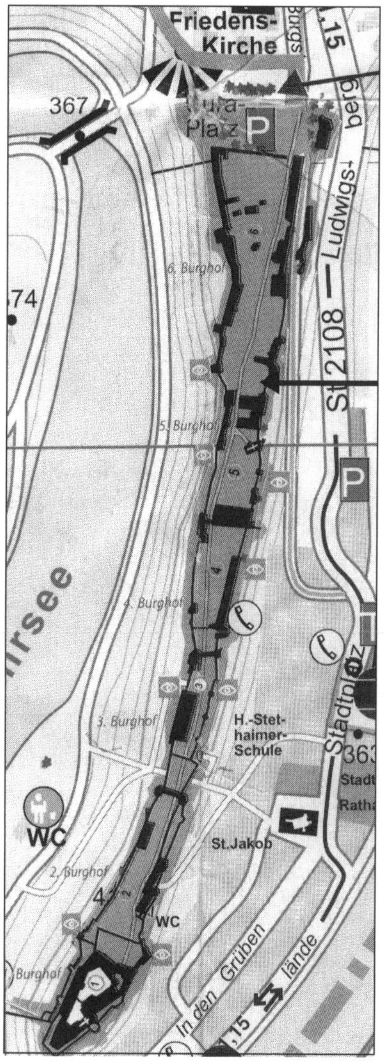

3. Burghausener Burg

Definition, Bedeutung, Erklärung im Lexikon

Die **Burghausener Burg** oberhalb der Stadt Burghausen ist mit 1.043 m die längste Burganlage Deutschlands. Sie war ehemals die stärkste Festung der Wittelsbacher Herzöge von Bayern.

Geschichte

Die Burg wurde 1180 erbaut und war ab 1255 zweite Residenz der niederbayerischen Herzöge. Von Herzog Georg dem Reichen wurde die Burg zur größten Burganlage Europas ausgebaut. Seit 1505 nach Wiedervereinigung der bayerischen Herzogtümer verlor die Burghausener Burg langsam ihre Bedeutung.

4. Die Länge der Burghausener Burg wird mit 1.043 m angegeben. Wo muss demnach die eigentliche Burganlage beginnen? Berechne und bestimme in der Karte.

Die Länge der Burg in der Karte beträgt
104300 cm : 7500 ≈ 13,9 cm

Man muss vom südlichsten Punkt aus messen, um den Beginn der eigentlichen Burganlage zu bestimmen.

„Fernseher“ (Funktionaler Zusammenhang)

Übungsheft S. 23

Anbindung an die Bildungsstandards:

(K5) Mit symbolischen, formalen und technischen Elementen der Mathematik umgehen
Dazu gehört:

- mit Variablen, Termen, Gleichungen, Funktionen, Diagrammen, Tabellen arbeiten,
- symbolische und formale Sprache in natürliche Sprache übersetzen und umgekehrt.

(L3) Leitidee „Raum und Form“
Die Schülerinnen und Schüler

- erkennen und beschreiben geometrische Objekte und Beziehungen in der Umwelt,
- operieren gedanklich mit Strecken, Flächen und Körpern,
- wenden Sätze der ebenen Geometrie bei Konstruktionen und Berechnungen an, insbesondere den Satz des Pythagoras.

Hinweise und Lösungsansätze:

Benenne die Seiten und rechne mit dem Satz des Pythagoras.

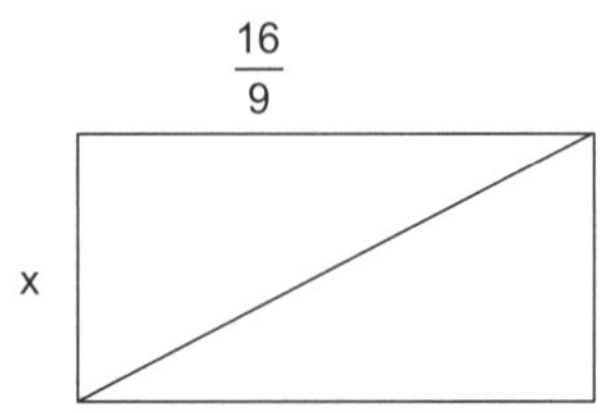

Lösung:
Berechnung der Höhe in cm:

$$\sqrt{x^2 + \left(\frac{16}{9}\right)x^2} = 82$$

$$\sqrt{x^2 + (3{,}16)x^2} = 82$$

$$\sqrt{4{,}16x^2} = 82$$

$$2{,}04 \cdot x = 82$$

$$x \approx 40{,}2$$

Berechnung der Breite in cm:

$$40{,}2 \cdot \frac{16}{9} \approx 71{,}47$$

Berechnung des Winkels:

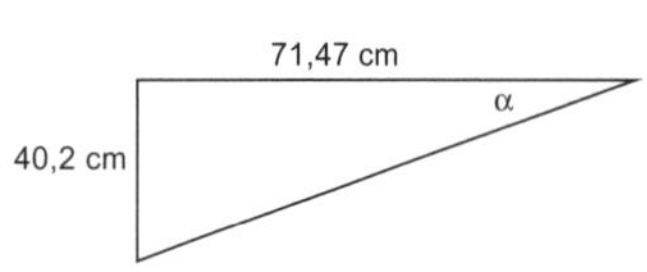

$\sin \alpha = \frac{\text{Gegenkathete}}{\text{Ankathete}}$ $\sin \alpha = \frac{40,20}{71,47}$

$\alpha \approx 34°$

$y = 90° - 34° = 56°$

„Pizzeria“ (Problemlösen)

Übungsheft S. 24

Anbindung an die Bildungsstandards:

(K5) Mit symbolischen, formalen und technischen Elementen der Mathematik umgehen

Dazu gehört:

- mit Variablen, Termen, Gleichungen, Funktionen, Diagrammen, Tabellen arbeiten,
- symbolische und formale Sprache in natürliche Sprache übersetzen und umgekehrt,
- mathematische Werkzeuge (wie Formelsammlungen, Taschenrechner, Software) sinnvoll und verständig einsetzen.

(L2) Leitidee „Messen“

Die Schülerinnen und Schüler

- wählen Einheiten von Größen situationsgerecht aus (insbesondere für Zeit, Masse, Geld, Länge, Fläche, Volumen und Winkel) und wandeln sie ggf. um,
- ermitteln Flächeninhalt und Umfang von Rechteck, Dreieck und Kreis sowie daraus zusammengesetzten Figuren,
- ermitteln Volumen und Oberflächeninhalt von Prisma, Pyramide und Zylinder sowie daraus zusammengesetzten Körpern.

Hinweise und Lösungsansätze:

Schätze möglichst genau:

Die neue Pizza misst ...

... alter Radius plus ❑ 0,1 cm ❑ 0,5 cm ❑ 1 cm ❑ 1,5 cm ❑ 2 cm

Fläche in cm^2:

$A_{Kreis} = r^2 \cdot \pi$

$A_{Kreis} = 100 \cdot 3,14$

$A_{Kreis} = 314$

Fläche in cm^2:

100% = 314

1% = 3,14

110% = 345,4

Neuer Radius in cm:

$A_{Kreis} = r^2 \cdot \pi$

$345,4 = r^2 \cdot \pi$

$r \approx 10,48$

Die Pizza vergrößert sich immer um 21 %.

Radius	Fläche	Radius +10 %	Fläche	Erhöhung in %
1	3,14	1,1	3,80	21
2	12,56	2,2	15,20	21
3	28,26	3,3	34,19	21
4	50,24	4,4	60,79	21
5	78,5	5,5	94,99	21
6	113,04	6,6	136,78	21
7	153,86	7,7	186,17	21
8	200,96	8,8	243,16	21
9	254,34	9,9	307,75	21

Volumen vorher in cm^3:

$V_{Zylinder} = G \cdot h$

$V_{Zylinder} = 314 \cdot 0{,}5 = 157$

Dicke nachher in cm:

$157 : 345{,}4 \approx 0{,}46$

Der Teig müsste um 0,4 mm dünner sein.

Die Pizzeria „Amalfi“ vergrößert den Radius der Pizza um 10 % . Was trifft für die Größe der Pizza dann zu?
Sie nimmt zu um ... ❑ weniger als 10 % ❑ 10 % ❑ mehr als 10 %.

Bestätige die Vermutung durch Rechnung.

„Handyumfrage“ (Prozentrechnen)

Übungsheft S. 25

Anbindung an die Bildungsstandards:

(K3) Mathematisch modellieren

Dazu gehört:

- Bereiche oder Situationen, die modelliert werden sollen, in mathematische Begriffe, Strukturen und Relationen übersetzen,
- in dem jeweiligen mathematischen Modell arbeiten,
- Ergebnisse in dem entsprechenden Bereich oder der entsprechenden Situation interpretieren und prüfen.

(L1) Leitidee „Zahl“

Die Schülerinnen und Schüler

- rechnen mit natürlichen, gebrochenen und negativen Zahlen, die im täglichen Leben vorkommen, auch im Kopf ...
- verwenden Prozent- und Zinsrechnung sachgerecht ...

Hinweise und Lösungsansätze:

Die Schüler müssen erkennen, dass sie erst Berechnungen anstellen müssen, um den Grundwert bestimmen zu können. Hilfreich ist deshalb für leistungsschwächere Schüler der Auftrag, den Sachverhalt in einem Streifendiagramm zu skizzieren. Dann erkennen sie, dass die 16 Schüler, die krank waren, 5 % der Schülerzahl darstellen.

15 %	45 %	35 %		16 Schüler sind 5 %

Somit ergibt sich: Grundwert: 320 Schüler

45 % = 144 Schüler

Möglichkeit zur Weiterarbeit oder Differenzierung:

Berechne die genauen Schülerzahlen für alle angegebenen Prozentsätze:

35 % = 112 Schüler,

15 % = 48 Schüler.

Erstelle ein Kreisschaubild mit r = 5 cm; 1 % = 3,6 °.

5 %	=	48 Schüler	= 54 °
45 %	=	144 Schüler	= 162 °
35 %	=	112 Schüler	= 126 °
5 %	=	16 Schüler	= 18 °

„Auf der Sparkasse" (Zinsrechnung)

Übungsheft S. 26–27

Anbindung an die Bildungsstandards

Die Schülerinnen und Schüler erwerben mathematische Kompetenzen, indem sie
a) ein vorgegebenes Problem bearbeiten **(K2)**,
b) eine geeignete Strategie zum Problemlösen anwenden **(K2)**,
c) mit Termen arbeiten **(K5)**,
d) die natürliche Sprache in symbolische und formale Sprache übersetzen **(K5)**,
e) mathematische Werkzeuge sinnvoll einsetzen **(K5)**,
f) Lösungswege dokumentieren und präsentieren **(K6)**.

Dabei lösen sie realitätsnahe Probleme im Zusammenhang mit proportionalen Zuordnungen **(L4)**.

Hinweise und Lösungsansätze:

Die allgemeinen Prinzipien des Kontoblattes mit der Trennung von Kapital und Zinsen können beibehalten werden.
Wenn die Schüler Kenntnisse in der Arbeit mit dem Sparbuchblatt haben, dürfte die Aufgabe wenig Schwierigkeiten bereiten.

Sparbuch

Zinsberechnung zum Termin:		**20. Dezember 2005**				
Text	**Wert**	**Datum**	**Tage**	**Guthaben**	**Zinssatz**	**Zinsen**
Übertrag	458,64 €	01.01.2005	353	458,64 €	2,25%	10,12 €
Einzahlung	48,16 €	03.02.2005	320	506,80 €	2,25%	0,96 €
Auszahlung	-60,00 €	04.04.2005	260	446,80 €	2,25%	-0,98 €
Einzahlung	134,25 €	21.05.2005	213	581,05 €	2,25%	1,79 €
Auszahlung	-80,00 €	12.06.2005	191	501,05 €	2,25%	-0,96 €
Einzahlung	234,66 €	20.07.2005	153	735,71 €	2,25%	2,24 €
Auszahlung	-120,00 €	06.10.2005	75	615,71 €	2,25%	-0,56 €
Einzahlung	148,53 €	05.11.2005	45	764,24 €	2,25%	0,42 €
Auszahlung	-90,00 €	09.12.2005	11	674,24 €	2,25%	-0,06 €
Summe:	674,24 €				**Zinsen:**	12,98 €

Jahresendbetrag: 687,22 €

Sparbuch

Zinsberechnung zum Termin:		**Dezember 20, 2005**				
Text	**Wert**	**Datum**	**Tage**	**Guthaben**	**Zinssatz**	**Zinsen**
Übertrag	$ 458,64	01.01.2005	353	$ 458,64	2,25 %	$ 10,12
Einzahlung	$ 48,16	03.02.2005	320	$ 506,8	2,25 %	$ 0,96
Auszahlung	($ 60,00)	04.04.2005	260	$ 446,8	2,25 %	($ 0,98)
Einzahlung	$ 134,25	21.05.2005	213	$ 581,05	2,25 %	$ 1,79
Auszahlung	($ 80,00)	12.06.2005	191	$ 501,05	2,25 %	($ 0,96)
Einzahlung	$ 234,66	20.07.2005	153	$ 735,71	2,25 %	$ 2,24
Auszahlung	($ 120,00)	06.10.2005	75	$ 615,71	2,25 %	($ 0,56)
Einzahlung	$ 148,53	05.11.2005	45	$ 764,24	2,25 %	$ 0,42
Auszahlung	($ 90,00)	09.12.2005	11	$ 674,24	2,25 %	($ 0,06)
Summe:	$ 674,24				**Zinsen:**	$ 12,98
		Jahresendbetrag:	$ 687,22			

Sparbuch

Zinsberechnung zum Termin:		**38706**				
Text	**Wert**	**Datum**	**Tage**	**Guthaben**	**Zinssatz**	**Zinsen**
Übertrag	458,64	38353	=$D$3-C5	=B5	0,0225	=B5*D5*F5/360
Einzahlung	48,16	38386	=$D$3-C6	=E5+B6	0,0225	=B6*D6*F6/360
Auszahlung	-60	38446	=$D$3-C7	=E6+B7	0,0225	=B7*D7*F7/360
Einzahlung	134,25	38493	=$D$3-C8	=E7+B8	0,0225	=B8*D8*F8/360
Auszahlung	-80	38515	=$D$3-C9	=E8+B9	0,0225	=B9*D9*F9/360
Einzahlung	234,66	38553	=$D$3-C10	=E9+B10	0,0225	=B10*D10*F10/360
Auszahlung	-120	38631	=$D$3-C11	=E10+B11	0,0225	=B11*D11*F11/360
Einzahlung	148,53	38661	=$D$3-C12	=E11+B12	0,0225	=B12*D12*F12/360
Auszahlung	-90	38695	=$D$3-C13	=E12+B13	0,0225	=B13*D13*F13/360
Summe:	= SUMME(B5:B17)				**Zinsen:**	= SUMME(G5:G16)
			Jahresendbetrag:	= B18+G18		

„Eigenheimfinanzierung" (Zinsrechnung)

Übungsheft S. 28

Anbindung an die Bildungsstandards:

Die zunächst völlig offene Aufgabe lässt eine Reihe von Fragestellungen zu. Viele davon führen zu einem ziemlichen Erschrecken, weil sie eine heftige Rechnerei befürchten lassen. Sie führen innerhalb der Leitidee
„Zahl" (L1) und **„Funktionaler Zusammenhang" (L4)** dazu,

- eine geeignete Strategie zur Lösung zu suchen (K2),
- Lösungsverfahren auszuführen (K5),
- mathematische Werkzeuge (Software) sinnvoll einzusetzen (K5),
- Bereiche zu variieren (K3).

Hinweise und Lösungsansätze:

Eingabe der Lösung in Excel oder Works:

	A	B	C	D	E	F
1	Kapital	Jahresz.	Mon. Abz.	Monatsz.	Tilg.	Endkap.
2	36000 €	0,06	240,00 €	= A2 · B2	= C2-D2	= A2-E2
3	= F2	= B2	= C2	= A3 · B3	= C3-D3	= A3-E3
4						

Die Zeile 3 kann kopiert und in beliebig viele Zeilen eingefügt werden.
Und so erscheint die Lösung auf dem Bildschirm:

Kapital	Jahresz.	Mon. Abz.	Monatsz.	Tilg.	Endkap.
36.000,00 €	0,06 €	240,00 €	180,00 €	60,00 €	35.940,00 €
35.940,00 €	0,06 €	240,00 €	179,70 €	60,30 €	35.879,70 €
35.879,70 €	0,06 €	240,00 €	179,40 €	60,60 €	35.819,10 €
35.819,10 €	0,06 €	240,00 €	179,10 €	60,90 €	35.758,19 €

	Mögliche Fragestellungen	Leitideen	Kompetenzen
	Wie groß ist der Schuldenstand nach 20 Monaten?	L1	K5
	Wie ändert sich die Tilgung vom 5. zum 6. Monat, vom 19. zum 20. Monat?	L4	K5
	Welcher Zahlungsbetrag darf nicht unterschritten werden?	L1	K1
	Wie ändert sich die Tilgung, wenn die Zahlung um 100 € erhöht wird?	L4	K3
	Wie wirkt sich eine Sonderzahlung von 1000 € aus? usw.	L4	K5, K1

„Probleme beim Umzug" (Satz des Pythagoras)

Übungsheft S. 29

Anbindung an die Bildungsstandards:

(K2) Probleme mathematisch lösen

Dazu gehört:

- vorgegebene und selbst formulierte Probleme bearbeiten,
- geeignete heuristische Hilfsmittel, Strategien und Prinzipien zum Problemlösen auswählen und anwenden,
- die Plausibilität der Ergebnisse überprüfen sowie das Finden von Lösungsideen und die Lösungswege reflektieren.

(L3) Leitidee „Raum und Form"

Die Schülerinnen und Schüler

- erkennen und beschreiben geometrische Objekte und Beziehungen in der Umwelt,
- operieren gedanklich mit Strecken, Flächen und Körpern,

- fertigen Netze, Schrägbilder und Modelle von ausgewählten Körpern an und erkennen Körper aus ihren entsprechenden Darstellungen,
- wenden Sätze der ebenen Geometrie bei Konstruktionen und Berechnungen an, insbesondere den Satz des Pythagoras.

Hinweise und Lösungsansätze:

Entscheidend ist, dass die Schüler erkennen, dass für das Aufstellen des Schrankes mehr Höhe benötigt wird, als der Schrank im aufgestellten Zustand an Höhe erreicht.
Dies kann mit Anschauungsmaterial (z. B. Umzugskisten) verdeutlicht werden.
Folgende Skizzen sind denkbar:

Das Bücherregal kann über zwei Seiten gekippt werden: über die schmale Seite (0,4 m) oder über die breitere Vorder- (bzw. Rück-)seite.

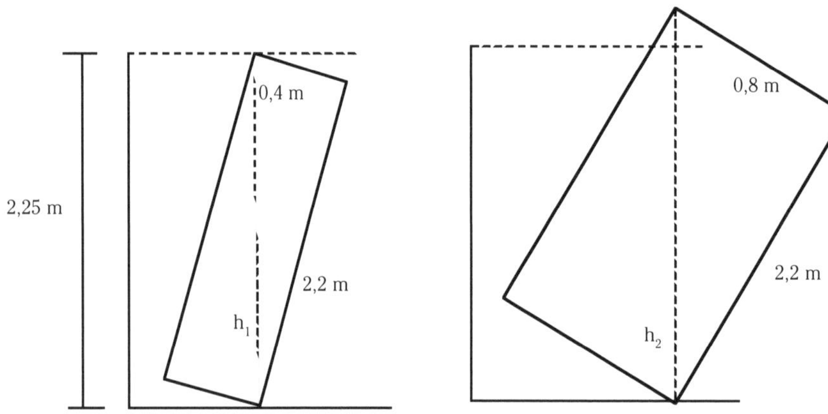

Höhe der Diagonale im Schrank in m:

$h_1 = \sqrt{0,4^2 + 2,2^2} \approx 2,24 \quad h_2 = \sqrt{0,8^2 + 2,2^2} \approx 2,34$

Der Schrank lässt sich nur aufstellen, wenn er über die breite Seite (0,8 m) aufgekantet wird.

Möglichkeiten zur Weiterarbeit:
Projektartig kann die Aufgabe bearbeitet werden, wenn die Schüler in Gruppen unter Beachtung eines sinnvollen Maßstabes Modelle des Zimmers und des Schrankes anfertigen und die Kippbewegung handelnd nachvollziehen.
Die Entscheidung für die Auswahl eines sinnvollen Maßstabes erleichtert das Anfertigen einer Tabelle und den Vergleich der Maßangaben:

		1 : 5	1 : 10	1 : 20
Breite	80 cm	16 cm	8 cm	4 cm
Höhe	220 cm	44 cm	22 cm	11 cm
Tiefe	40 cm	8 cm	4 cm	2 cm
Zimmerhöhe	225 cm	45 cm	22,5 cm	11,25 cm

Dadurch werden weitere Kompetenzen und Leitideen angesprochen:

(K4) Mathematische Darstellungen verwenden

Dazu gehört:

- verschiedene Formen der Darstellung von mathematischen Objekten und Situationen anwenden, interpretieren und unterscheiden,
- Beziehungen zwischen Darstellungsformen erkennen.

(L2) Leitidee „Messen"

Die Schülerinnen und Schüler

- wählen Einheiten von Größen situationsgerecht aus (insbesondere für Zeit, Masse, Geld, Länge, Fläche, Volumen und Winkel) und wandeln sie ggf. um.

„Kreis-Tangente" (Raum und Form)

Übungsheft S. 30–31

Anbindung an die Bildungsstandards:

(L3) Leitidee „Raum und Form"

Die Schülerinnen und Schüler

- operieren gedanklich mit Strecken, Flächen und Körpern,
- stellen geometrische Figuren und elementare geometrische Abbildungen im ebenen kartesischen Koordinatensystem dar,
- wenden Sätze der ebenen Geometrie bei Konstruktionen und Berechnungen an, insbesondere den Satz des Pythagoras,
- zeichnen und konstruieren geometrische Figuren unter Verwendung angemessener Hilfsmittel, wie Zirkel, Lineal, Geodreieck oder dynamische Geometrie-Software.

Hinweise und Lösungsansätze:

Winkelhalbierende konstruieren
Senkrechte im Punkt B errichten

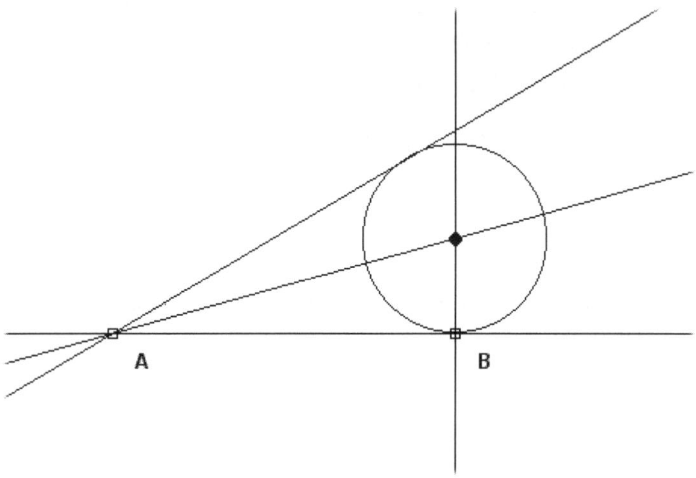

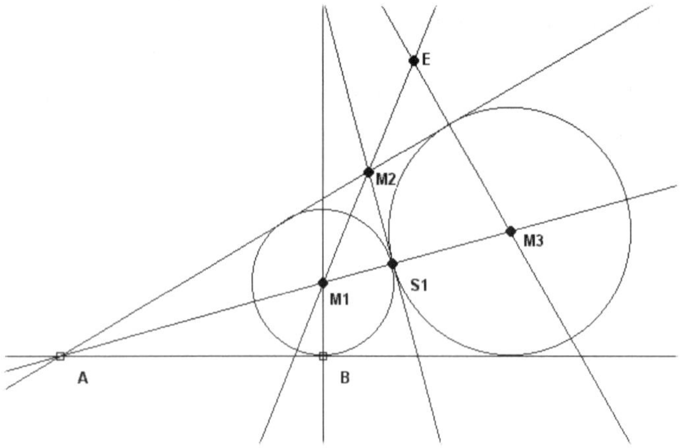

Punkt S1 ist der Schnittpunkt der Winkelhalbierenden mit dem Kreis um M1;
Gerade durch M1 und M2 ziehen;
E erhält man durch Kreis um M2 mit r = $\overline{M1\ M2}$;
Senkrechte von E auf die Gerade A M2;
Schnittpunkt mit der Winkelhalbierenden ist der Mittelpunkt des gesuchten Kreises

Möglichkeiten zur Weiterarbeit:
Konstruktion weiterer Kreise nach dem gleichen Konstruktionsablauf.

„Schöne Aussichten" (Geometrie)

Übungsheft S. 32

Anbindung an die Bildungsstandards:

Die Aufgabe ermuntert die Schüler,
- eine Vermutung zu äußern und zu begründen **(K2)**,
- eine geeignete Strategie (Pythagoras) zum Problemlösen auszuwählen und anzuwenden **(K2)**,
- diesen Lösungsweg zu beschreiben und zu begründen **(K1)**,
- eine Situation in mathematische Begriffe und Strukturen zu übersetzen **(K3)**,
- den Taschenrechner sinnvoll einzusetzen **(K5)**,
- die Plausibilität der Ergebnisse zu überprüfen **(K2)**.

Dabei sollen sie zunächst eine Größe schätzen **(L2)**, Eigenschaften geometrischer Objekte beschreiben und begründen **(L3)** und geometrische Sätze anwenden **(L3)**.

Hinweise und Lösungsansätze:

Die Aufgabe ist zu lösen, indem die Tangente mithilfe des Satzes des Pythagoras berechnet wird. Dabei ist zu beachten, dass der Erdradius in km, die Höhe in m angegeben ist.

	Lösungsschritte	Kompetenzen	Leitidee
a)	Die Entfernung wird geschätzt.	K1	L2
b)	Das Dreieck Aussichtspunkt, Erdmittelpunkt, Horizont wird als rechtwinklig beschrieben. Die Hypotenuse besteht aus Erdradius und Aussichtshöhe.	K1, K2	L3
c)	Aufstellen der Beziehung: $(r + h)^2 = r^2 + t^2$	K3	L3
d)	Rechnung: $(6370 + 3{,}716)^2 = 6370^2 + t^2$ $40624255{,}6 = 40576900 + t^2$ $47355{,}6 = t^2$ $t = \sqrt{47355{,}6}$ $t \approx 217{,}6$	K2, K5	L3
e)	Ohne Wasserdunst hätte man vom Pico de Teide eine Aussicht von mehr als 200 km.	K2	L2

Hinweise zur Weiterarbeit:

Im arbeitsteiligen Verfahren kann man in der Klasse Entfernungen zum Horizont berechnen lassen mit Höhen von 100 m, 200 m, 300 m ...

Bei der Darstellung der Ergebnisse stellt man fest, dass keine Proportionalität vorliegt.

3) 3 m: $(6370 + 0{,}003)^2 = 6370^2 + t^2$ somit: $t = 6{,}2$
15 m: $(6370 + 0{,}015)^2 = 6370^2 + t^2$ somit: $t = 13{,}8$

„Flächen an Prismen" (Geometrie)

Übungsheft S. 33

Anbindung an die Bildungsstandards:

Die Schüler sollen innerhalb der Leitidee **„Raum und Form" (L3)** gedanklich mit Strecken, Flächen und Körpern operieren. Dabei sollen sie in dieser Aufgabe

- Beziehungen zwischen den dargestellten Formen erkennen (K4),
- eine mathematische Argumentation entwickeln (K1),
- Lösungswege verständlich darstellen (K6)
- und mit formalen Elementen der Mathematik umgehen (K5).

Hinweise und Lösungsansätze:

	Lösungen und Hinweise	Leitideen	Kompetenzen
a)	Die Zahl der Rechtecke ist halb so groß wie die Zahl der Dreiecke in Grund- und Deckfläche zusammen.	L3	K4, K1
b)	Ein Rechteck ist so groß wie zwei Dreiecke, da sie in Grundlinie und Höhe übereinstimmen.	L3	K6, K1
c)	Formaler Nachweis: $2 \cdot n \cdot \frac{g \cdot h}{2} = n \cdot g \cdot h$	L3	K5

„Diagonalen im n-Eck“ (Geometrie)

Übungsheft S. 34

zu Aufgabe 1

Anbindung an die Bildungsstandards:

Die reine mathematische Aufgabe ohne einen Bezug zu einer Alltagssituation eignet sich besonders, um anschauliche Bilder über sprachliche Beschreibungen zu einer abstrakten Formel zu komprimieren.
Bei der Bearbeitung der Aufgabe zeigen die Schüler, wie sie
- mit symbolischen und formalen Elementen (KS) umgehen,
- mathematisch argumentieren (K1),
- mathematische Darstellungen verwenden (K4)
- und kommunizieren (K6)

im Rahmen der Leitideen **„Raum und Form“ (L3)** und **„Funktionaler Zusammenhang“ (L4).**

Hinweise und Lösungsansätze:

- Die Diagonale wird definiert als Strecke zwischen zwei nicht benachbarten Punkten.

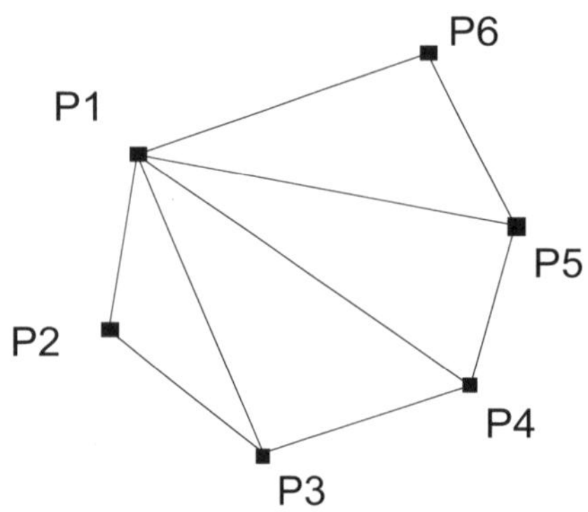

- Aus der Zeichnung wird deutlich, dass bei n Punkten von einem Punkt (n – 3) Diagonalen ausgehen.
- Es wird festgestellt, dass von allen n Punkten jeweils (n – 3) Diagonalen ausgehen.
- Es wird festgestellt, dass bei der Formel n * (n – 3) alle Diagonalen doppelt gezählt werden.
- Somit wird mit $\frac{n \cdot (n-3)}{2}$ die Zahl der Diagonalen ermittelt.

Lösungen und Hinweise	Leitideen	Kompetenzen
Diagonalen definieren	L3	K6
Diagonalen von einem Punkt	L3	K4, K2
trifft für alle Punkte zu	L3	K1
doppelte Zählung	L3	K1
Formel erstellen	L4	K6

zu Aufgabe 2

Anbindung an die Bildungsstandards:

Die Schüler sollen die notwendigen Einzelschritte zur Berechnung des Gewichts zu einer funktionierenden Datei vollziehen. Dabei müssen sie innerhalb der Leitidee **„Raum und Form“ (L3)** und der Leitidee **„Messen“ (L2)**

- eine Strategie zum Problemlösen auswählen (K2),
- mathematische Modelle zu einem Komplex zusammenbauen (K3),
- die Darstellungsformen (richtige Größenbezeichnungen) verwenden und zwischen ihnen wechseln (K4),
- mathematische Werkzeuge nutzen (K5).

Hinweise und Lösungsansätze:

A	B	C
kleiner Radius =		cm
großer Radius =		cm
Länge des Rohres =		cm
Artgewicht =		g/cm³
kleiner Kreis	**=B1*B1*π()**	**cm²**
großer Kreis	**=B2*B2*π()**	**cm²**
Ring	**=B6-B5**	**cm²**
Volumen	**=B7*B3**	**cm³**
Gewicht	**=B8*B4**	**g**

„Rosenrankgerüst" (Raum und Form)

Übungsheft S. 35–36

Anbindung an die Bildungsstandards:

(K3) Mathematisch modellieren

Dazu gehört: Bereiche oder Situationen, die modelliert werden sollen, in mathematische Begriffe, Strukturen und Relationen übersetzen.

Leitidee „Raum und Form"

- Die Schülerinnen und Schüler erkennen und beschreiben geometrische Objekte und Beziehungen in der Umwelt,
- operieren gedanklich mit Strecken, Flächen und Körpern.

Hinweise und Lösungsansätze:

Das räumliche Denken muss so weit geschult sein, dass das gleichseitige Dreieck erkannt wird, mit dem sich der Abstand zwischen den Schraubhaken berechnen lässt.

Höhe des Gerüstes in m:
$3 - 1{,}5 = 1{,}5$

Abstand in der Senkrechten in m:
$1{,}5 : 3 = 0{,}5$

waagrechte Entfernung in m:
$\sqrt{1^2 - 0{,}25^2} \approx 0{,}97$

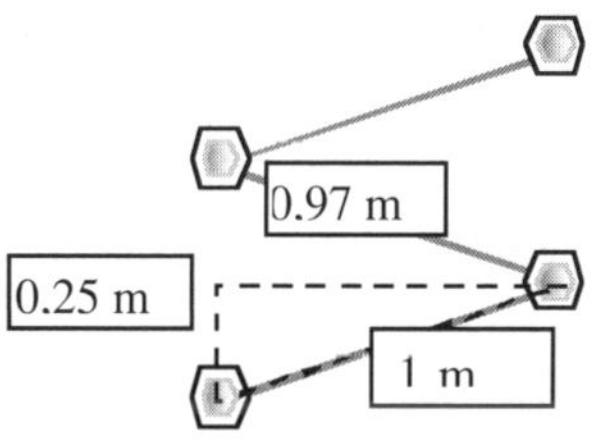

Möglichkeiten zur Weiterarbeit:

Bohrlochplan im Maßstab 1:20

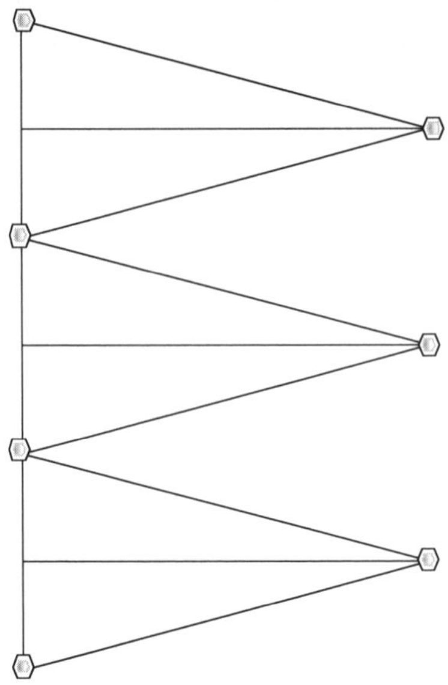

„Wintergarten" (Geometrie)

Übungsheft S. 37–38

Anbindung an die Bildungsstandards:

L (1)

Die Schüler

- runden Rechenergebnisse entsprechend dem Sachverhalt sinnvoll

L (2)

Die Schüler

- berechnen Flächeninhalt und Umfang von Rechteck, Dreieck, Kreis sowie daraus zusammengesetzten Figuren
- nehmen in ihrer Umwelt gezielt Messungen vor oder entnehmen Maßangaben aus Quellenmaterial, führen damit Berechnungen durch und bewerten die Ergebnisse sowie den gewählten Weg in Bezug auf die Sachsituation

L (3)

Die Schüler

- erkennen und beschreiben geometrische Strukturen in der Umwelt
- analysieren und klassifizieren geometrische Objekte der Ebene und des Raumes
- fertigen Netze, Schrägbilder und Modelle von ausgewählten Körpern an ...
- wenden Sätze der ebenen Geometrie bei Konstruktionen und Berechnungen an, insbesondere den Satz des Pythagoras

L (4)

Die Schüler

- nutzen Maßstäbe beim Lesen und Anfertigen von Zeichnungen situationsgerecht

K (2)

- den Bereich oder die Situation, die modelliert werden soll, in mathematische Begriffe, Strukturen und Relationen übersetzen

K (3)
- Bereiche oder Situationen, die modelliert werden sollen, in mathematische Begriffe, Strukturen und Relationen übersetzen
- in dem jeweiligen mathematischen Modell arbeiten
- Ergebnisse in dem entsprechenden Bereich oder in der entsprechenden Situation interpretieren und prüfen

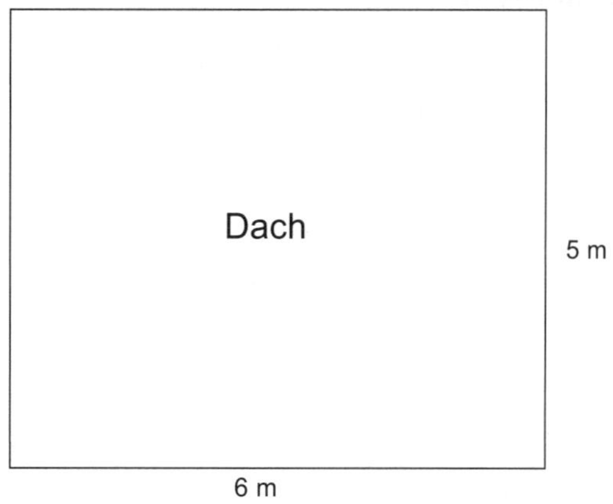

Hinweise und Lösungsansätze:

Berechnung der schrägen Seite mit dem Satz des Pythagoras: $d^2 = 0{,}5^2 + 5^2$; d = 5,02 m
2) A = a x b = 6 x 5 = 30 m^2
Preis für die Fliesen: 30 x 25,80 € = 774,00 €
Dazu 10 % Verschnitt: 77,40 € + 774,00 € = 851,40 €
Das Verlegen der Fliesen kostet 30 x 20,40 € = 612,00 €
Der gesamte Boden kostet 1.463,40 €

3) 20 980 € – 12 000 € = 8.980 €

Bank A	Laufzeit 48 Monate	Zinssatz: 1. und 2. Jahr 6,1 %; 3. und 4. Jahr 5,5 % an die Bank einschl. Zinsen zu zahlen: 11.251,54 €
Bank B	Laufzeit 48 Monate	Zinssatz: gleichbleibend 5,9 % an die Bank einschl. Zinsen zu zahlen: 11.294,32 €

Familie Becker wird sich für das Angebot von Bank B entscheiden.

4) Es entsteht eine monatliche Belastung von 235,30 €.

5) 2 Seitenflächen (Trapeze): $A = 2 \times \frac{a+c}{2} \times h = 2 \times \frac{3+2{,}5}{2} \times 5 = 27{,}5\ m^2$
Vorderfläche Rechteck: A = a x b = 6 x 5 = 30 m^2
Dachfläche Rechteck: A = a x b = 6 x 5,02 = 30,12 m^2
Summe der Flächen: $72{,}62\ m^2 \approx 73\ m^2$
Einmalige Reinigung der Fenster kostet 73 x 1,10 € = 80,30 €;
dreimaliges Reinigen kostet dann 240,90 €.

„Die neue Lagerhalle“ (Geometrie)

Übungsheft S. 39

Anbindung an die Bildungsstandards:

Die Aufgabe umfasst Elemente der Leitidee **„Messen“ (L2)** und der Leitidee **„Raum und Form“ (L3).**
Die Schüler sollen ihre Kompetenzen erweitern, indem sie

- Situationen in mathematische Strukturen übersetzen (K3),
- Lösungswege beschreiben und begründen (K1),
- mathematische Darstellungsformen verwenden (K4),
- Lösungsverfahren (hier: Satz des Pythagoras) anwenden.

Hinweise und Lösungsansätze:

	Lösungen und Hinweise	Leitideen	Kompetenzen
1.	Volumenberechnung: Die Schüler erkennen Körper aus ihren entsprechenden Darstellungen (Quader und Dreieckssäule), ermitteln das Volumen. Quader: $7 \cdot 15 \cdot 5{,}5 = 577{,}5\ m^3$ Dreieckssäule: $\frac{7 \cdot 15 \cdot 2{,}5}{2}\ m^3 = 131{,}25\ m^3$ Gesamtvolumen: $708{,}75\ m^3 \approx 700\ m^3$	L3, L2	K4
2.	Die zu mauernde Fläche besteht aus 4 Rechtecken und zwei Dreiecken. Rechnung: $2 \cdot 7 \cdot 5{,}5 + 2 \cdot 15 \cdot 5{,}5 + 2 \cdot \frac{7 \cdot 2{,}5}{2}\ m^2$ $= 259{,}5\ m^2 \approx 260\ m^2$	L3	K4, K3
3.	Die Anzahl der benötigten Steine wird berechnet: $260 \cdot 64 = 16640$ Stück Davon 105 % sind17472 Stück, das sind rund 17500 Steine.	L1	K2
4.	Die Dachsparren entsprechen einem Schenkel des gleichschenkligen Giebeldreiecks. Mithilfe des Pythagoras ist $l = \sqrt{3{,}5^2 + 2{,}5^2} \approx 4{,}30$ m. Der Zimmermann muss die Sparren bearbeiten. Sie sollten also mindestens 4,50 m lang sein.	L3	K5
5.	Der erste Sparren muss direkt an der Wand liegen, also bei 0 cm. Daher ist das Ergebnis der Aufgabe ($15 \div 0{,}6 = 25$) um 1 zu vergrößern, um die Anzahl der Sparren einer Seite zu berechnen.	L3	K3, K2
6.	Die Dachlatten sind rechtwinklig zu den Sparren angebracht. Jede Reihe ist also 15 m lang. Die Aufgabe $4{,}30 \div 0{,}35 \approx 12{,}28$ muss interpretiert werden: 13 Reihen Dachziegel werden gedeckt. Dazu braucht man 14 Reihen Dachlatten auf jeder Seite. Also sind $28 \cdot 15$ m = 420 m Dachlatten erforderlich.	L3, L2	K3, K2

	Lösungen und Hinweise	Leitideen	Kompetenzen
7.	Die beiden Dachflächen sind Rechtecke mit den Maßen 15 m und 4,30 m. Aus der Gesamtfläche von 129 m^2 errechnet sich ein Bedarf von 1548 ≈ 1600 Dachziegeln.	L2	K3, K
8.	Die Firstziegel schließen die Lücke zwischen den beiden Dachflächen. Für diese 15 m lange Naht braucht man 15 · 4 = 60 Firstziegel.	L3	K2
9.	Bleche schließen die Lücke zwischen Dach und Mauerwerk. Man braucht 26 Bleche mit der Abkantung links und ebenso viele mit der Abkantung rechts. Die Zahl 26 entspricht der Anzahl der Reihen der Dachziegel auf beiden Seiten.	L3	K2

Die von Werner Grobmeier erstellte Materialliste könnte so aussehen:

Steine	ca. 17500	Stück
Dachsparren	52	Stück
Länge	mind. 4,50	Meter
Dachlatten	420	laufende Meter
Dachziegel	ca. 1600	Stück
Firstziegel	120	Stück
Dachbleche, links gekantet	26	Stück
Dachbleche, rechts gekantet	26	Stück

„Treppenbau" (Raum und Form)

Übungsheft S. 40–41

Anbindung an die Bildungsstandards:

(K4) Mathematische Darstellungen verwenden

Dazu gehört:

- verschiedene Formen der Darstellung von mathematischen Objekten und Situationen anwenden, interpretieren und unterscheiden,
- Beziehungen zwischen Darstellungsformen erkennen.

(L2) Leitidee „Messen"

Die Schülerinnen und Schüler

- wählen Einheiten von Größen situationsgerecht aus (insbesondere für Zeit, Masse, Geld, Länge, Fläche, Volumen und Winkel) und wandeln sie ggf. um,
- ermitteln Volumen und Oberflächeninhalt von Prisma, Pyramide und Zylinder sowie daraus zusammengesetzten Körpern,
- nehmen in ihrer Umwelt gezielt Messungen vor oder entnehmen Maßangaben aus Quellenmaterial, führen damit Berechnungen durch und bewerten die Ergebnisse sowie den gewählten Weg in Bezug auf die Sachsituation.

Hinweise und Lösungsansätze:

Für schwächere Schüler ist die Vorlage der erweiterten Grafik eine Hilfe bei der Lösung der Aufgabe.

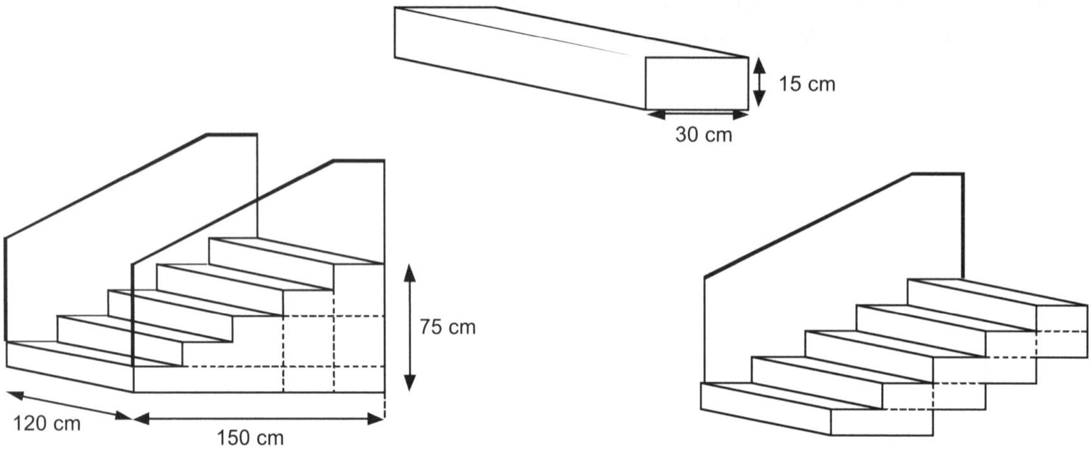

Berechne das Teilstück G mit dem Satz des Pythagoras:

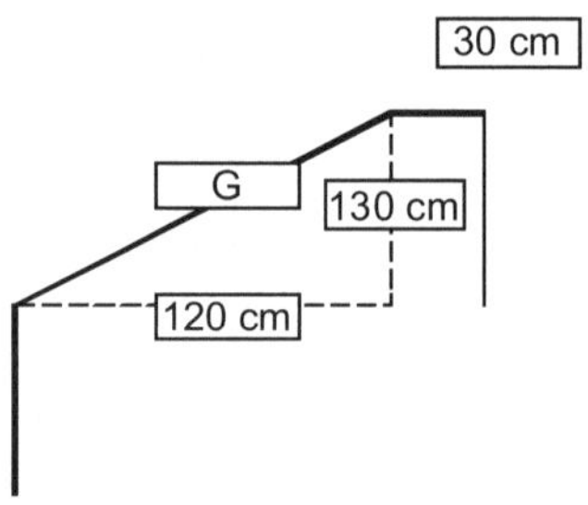

Lösung:

Es sind 15 Stufen. Jede Stufe misst 30 cm • 15 cm.

Volumen der Treppe in m^3:
15 • 0,3 • 0,15 • 1,20 = 0,81

Preis für den Beton:
0,81 m^3 • 300,- € = 243,- €

Preis für Geländer:

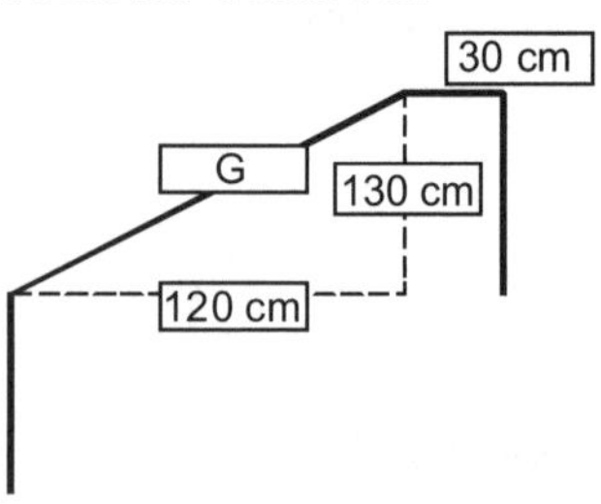

Länge des Geländers in cm:

$$G = \sqrt{120^2 + 130^2} = 177$$

Länge gesamt in m:
1,3 + 1,77 + 0,3 + 1,3 = 4,67 m
Für 2 Geländer: 9,34 m

Es sind 9 Stufen. Jede Stufe misst 30 cm • 15 cm.

Volumen der Treppe in m^3:
9 • 0,3 • 0,15 • 1,20 = 0,486

Preis für den Beton:
0,486 m^3 • 300,- € = 145,80 €

Winkel des Geländers:

$$\tan\alpha = \frac{\text{Gegenkathete}}{\text{Ankathete}} = \frac{130\,\text{cm}}{120\,\text{cm}} \approx 47{,}3°$$

Länge gesamt in m:
1,3 + 1,77 + 0,3 + 1,3 = 4,67 m

Preis:
9,34 • 60,- € = 560,40 €
Gesamtpreis für die Treppe:
243,- + 560,40 € = 803,40 €

Preis:
4,67 • 60,- € = 280,20 €
Gesamtpreis für die Treppe:
145,80 € + 280,20 € = 426,– €

Ersparnis in % (Runde auf ganze Prozent):
100 % = 803,40
1 % = 8,034
53 % = 426,-

Die Ersparnis bei den Materialkosten beträgt 47 %.
Die Materialkosten sind im Vergleich zum Arbeitsaufwand, der durch die aufwendigere Schalung entsteht, gering. Deshalb werden durch die „Sparversion“ der Treppe im Endeffekt keine Kosten gespart.

Schalflächen:

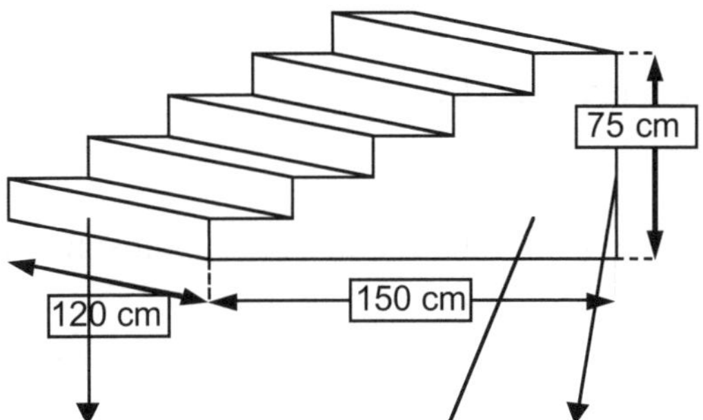

5 • 1,2 m • 0,15 m = 0,9 m²   1,2 m • 0,75 m = 0,9 m²

2 • 15 • 0,30 m • 0,15 m = 1,35 m²

Gesamte Schalfläche:

0,9 m² + 0,9 m² + 1,26 m² = 3,15 m²

2 • 9 • 0,30 m • 0,15 m = 0,81 m²

10 • 1,2 m • 0,15 m = 1,8 m²

Unterseiten:

3 • 1,2 • 0,3 = 1,08 m²

Gesamte Schalfläche:

0,81 + 1,8 + 1,08 = 3,69 06 m²

Möglichkeit zur Weiterarbeit:
Als Knobelaufgabe lässt sich die Frage stellen, wer eine Berechnungsmöglichkeit für die Treppe findet, ohne die Einzelstufen auszurechnen?

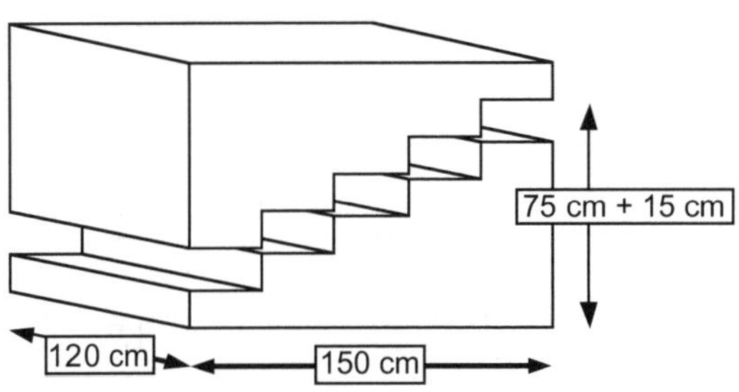

Das Volumen der Treppe I lässt sich sehr schnell berechnen, indem man den ganzen Quader halbiert.
Die Höhe des Quaders ist dann aber um die Höhe einer Treppenstufe größer:

V_{Quader} = 1,2 m • 1,5 m • 0,9 m = 1,62 m³

V_{Treppe} = 1,62 m³ : 2 = 0,81 m³

„Diagonal verlegt" (Geometrie)

Übungsheft S. 42

Anbindung an die Bildungsstandards:

Die Schülerinnen und Schüler sollen

- mathematisch argumentieren, indem sie Begründungen entwickeln **(K1)**,
- ein vorgegebenes Problem bearbeiten **(K2)**,
- die Plausibilität des Ergebnisses überprüfen **(K2)**,
- eine Strategie entwickeln, wie man die Zahl der Fliesen beim diagonalen Verlegen berechnet **(K2)**,
- Lösungsverfahren ausführen **(K5)**,
- Überlegungen und Ergebnisse verständlich darstellen **(K6)**.

Die Kompetenzen werden innerhalb der **Leitideen „Messen" (L2)** und **„Raum und Form" (L3)** erworben, denn die Schülerinnen und Schüler

- nutzen das Grundprinzip des Messens bei Längen- und Flächenmessung **(L2)**,
- operieren gedanklich mit Flächen **(L3)**,
- wenden den Satz des Pythagoras an **(L3)**,
- beschreiben Eigenschaften geometrischer Objekte und nutzen diese im Rahmen des Problemlösens **(L3)**.

Hinweise und Lösungsansätze:

Aus der Skizze kann man entnehmen, dass 8 halbe Fliesen die Länge bilden und 4 halbe Fliesen die Breite. Wenn man die Fliesen auszählt, so sind es 64. Hier kann man ein Gesetz entdecken und begründen lassen.

	Lösungen	Kompetenzen	Leitidee
a)	Bei normaler Verlegung parallel zu den Wänden werden 15 Reihen zu je 12 Fliesen verlegt. Weil bei 5,65 m der letzte Streifen sehr schmal wäre, was überhaupt nicht gut aussieht, muss zwischen den beiden Randstreifen vermittelt werden. Somit entfällt eine Verwertung des „Verschnitts". Man braucht 180 Fliesen, die 2.250 € kosten.	K1, K2	L2
b)	Die Diagonale der Fliese ist $\approx$ 56,5 cm. Sie passt also in der Länge genau 10-mal und in der Breite 8-mal. Wenn man die Skizze aus dem Aufgabenblatt genau auszählt, kommt man darauf, dass genau 160 Fliesen benötigt werden. Diese kosten 2.000 €.	K2	L3
c)	Der Flächeninhalt des Raumes ist $5{,}65 \cdot 4{,}52 = 25{,}5\ \text{m}^2$. Der Arbeitslohn für das normale Legen wäre somit $25{,}5 \cdot 22 = 561$ €.	K5	L2
d)	Arbeitslohn für diagonales Verfliesen: $25{,}5 \cdot 25 = 637{,}50$ €.	K5	L2
e)	Gesamtkosten: 2250 + 561 = 2811 € oder 2.000 + 637,50 = 2637,50 € Es ist günstiger, dem Rat des Fliesenlegers zu folgen.	K5	L2

„Herz" (Raum und Form)

Übungsheft S. 43

Anbindung an die Bildungsstandards:

(K2) Probleme mathematisch lösen

Dazu gehört:

- vorgegebene und selbst formulierte Probleme bearbeiten,
- geeignete heuristische Hilfsmittel, Strategien und Prinzipien zum Problemlösen auswählen und anwenden,
- die Plausibilität der Ergebnisse überprüfen sowie das Finden von Lösungsideen und die Lösungswege reflektieren.

(L3) Leitidee „Raum und Form"

Die Schülerinnen und Schüler

- erkennen und beschreiben geometrische Objekte und Beziehungen in der Umwelt,
- operieren gedanklich mit Strecken, Flächen und Körpern,
- wenden Sätze der ebenen Geometrie bei Konstruktionen und Berechnungen an, insbesondere den Satz des Pythagoras.

Hinweise und Lösungsansätze:

Die Fläche setzt sich zusammen aus einem Quadrat und einem Kreis. Die Seite des Quadrates sei x.

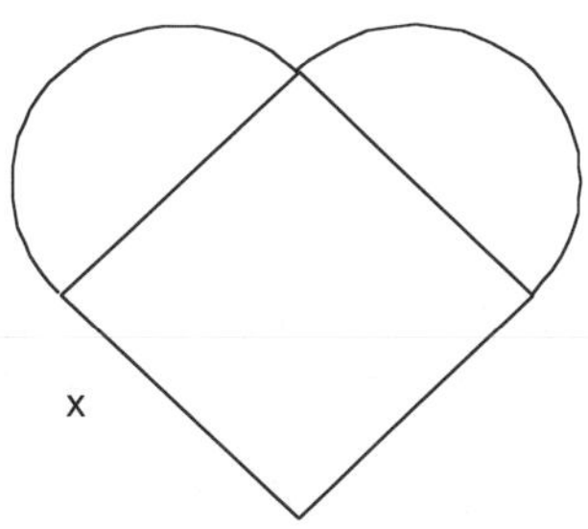

Lösung:

Rechnung:

$x + x + x \cdot 3{,}14 = 30{,}84$ cm

$2x + x \cdot 3{,}14 = 30{,}84$ cm

$x \cdot (2 + 3{,}14) = 30{,}84$ cm

$x = 6$

Flächeninhalt in cm^2:

$A_{Quadrat}$: $6 \cdot 6 = 36$

A_{Kreis}: $3^2 \cdot 3{,}14 = 28{,}26$

A_{Gesamt}: $64{,}26$

Konstruktion:

„Paket“ (Raum und Form)

Übungsheft S. 44–45

Anbindung an die Bildungsstandards:

(L3) Leitidee „Raum und Form“

Die Schülerinnen und Schüler

- erkennen und beschreiben geometrische Objekte und Beziehungen in der Umwelt,
- operieren gedanklich mit Strecken, Flächen und Körpern,
- fertigen Netze, Schrägbilder und Modelle von ausgewählten Körpern an und erkennen Körper aus ihren entsprechenden Darstellungen.

Hinweise und Lösungsansätze:

Das Paket hat folgendes Netz:

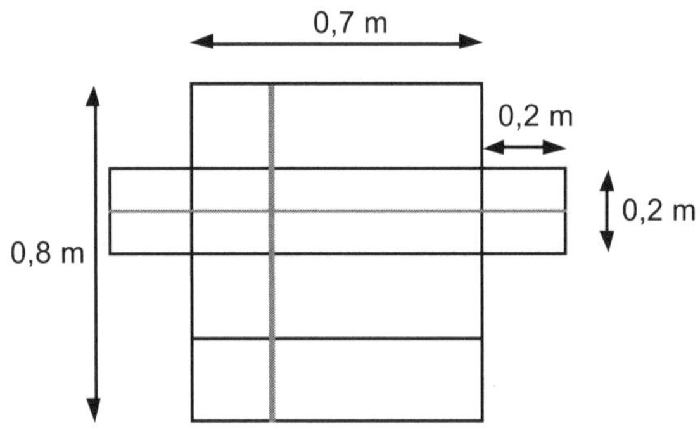

Paketpapierbedarf:

0,8 m + 0,04 m = 0,84 m

1,10 m + 0,055 m ≈ 1,16 m

1,16 · 0,84 m ≈ <u>0,97 m²</u>

Es reicht ein Bogen mit 1 m² Packpapier, er muss die Abmessung 0,84 m • 1,16 m haben.

Schnurlänge:

3 · 0,8 m + 1,80 m = <u>4,2 m</u>

4,2 m · 1,05 = <u>4,41 m</u>

Mögliche Fragen:

Wie unterscheiden sich Volumen und Oberfläche der einzelnen Körper?

Um wie viel vergrößert sich das Volumen / die Oberfläche / die Paketschnurlänge?

Länge	Breite	Höhe	Volumen	Oberfläche	Schnur
0,7	0,3	0,3	0,063	0,78	5,6
0,9	0,2	0,2	0,036	0,52	4,6
0,7	0,2	0,2	0,028	0,44	4,2

100 % = 0,028

1 % = 0,00028

? = 0,036 Das Volumen steigt um 29 % bzw. 125 %.

Die Oberfläche:

$\frac{0,52}{0,44} \approx 1,18$ bzw. $\frac{0,78}{0,44} \approx 1,77$

Die Oberfläche wächst um ≈ 18 % bzw. um 77 %.

Die Schnurlänge wächst um:

$\frac{4,6}{4,2} \approx 1,1$ Die Schnurlänge wächst um ungefähr 10 %.

$\frac{5,6}{4,2} \approx 1,33$ Die Schnurlänge wächst um ungefähr 33 %.

Gurtmaß:

Länge	Breite	Höhe	Gurtmaß
0,7	0,3	0,3	1,9
0,9	0,2	0,2	1,7
0,7	0,2	0,2	1,5

Das Gurtmaß wird nicht überschritten – die Pakete werden alle befördert.

Anzahl	Masse in kg	Summe
5	0,09	0,45
2	0,2	0,4
2	0,7	1,4
1	1,2	1,2
1	1,1	1,1
1	0,3	0,3
1	0,45	0,45
Gesamt		5,3

Die Fracht erfordert innerhalb von Deutschland 10,50 € Gebühren.

„Fußballstadion" (Raum und Form)

Übungsheft S. 46

Anbindung an die Bildungsstandards:

(K4) Mathematische Darstellungen verwenden

Dazu gehört:

- verschiedene Formen der Darstellung von mathematischen Objekten und Situationen anwenden, interpretieren und unterscheiden,
- Beziehungen zwischen Darstellungsformen erkennen.

(L2) Leitidee „Messen"

Die Schülerinnen und Schüler

- nutzen das Grundprinzip des Messens, insbesondere bei der Längen-, Flächen- und Volumenmessung, auch in Naturwissenschaften und in anderen Bereichen,
- wählen Einheiten von Größen situationsgerecht aus (insbesondere für Zeit, Masse, Geld, Länge, Fläche, Volumen und Winkel) und wandeln sie ggf. um,
- schätzen Größen mithilfe von Vorstellungen über alltagsbezogene Repräsentanten,
- ermitteln Flächeninhalt und Umfang von Rechteck, Dreieck und Kreis sowie daraus zusammengesetzten Figuren,

- ermitteln Volumen und Oberflächeninhalt von Prisma, Pyramide und Zylinder sowie daraus zusammengesetzten Körpern,
- nehmen in ihrer Umwelt gezielt Messungen vor oder entnehmen Maßangaben aus Quellenmaterial, führen damit Berechnungen durch und bewerten die Ergebnisse sowie den gewählten Weg in Bezug auf die Sachsituation.

Hinweise und Lösungsansätze:

Maßstab 1 : 1000 heißt, alles ist 1000 Mal kleiner als in Wirklichkeit. Rechne geteilt durch 1000!

Wirklichkeit in m		Wirklichkeit in cm		Zeichnung in cm
120	• 100	12000	: 1000	12
83	• 100	8300	: 1000	8,3
	• 100		: 1000	

Berechne:

Fläche Gesamtfeld

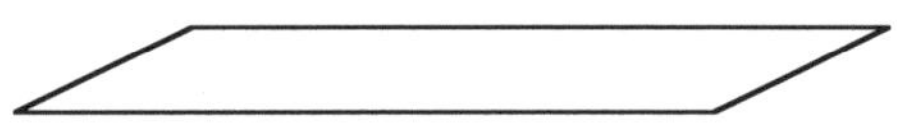

Volumen des Schnees

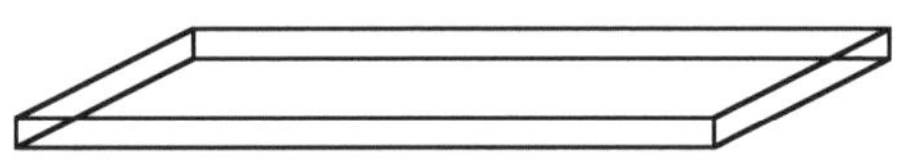

Umfang Gesamtfeld

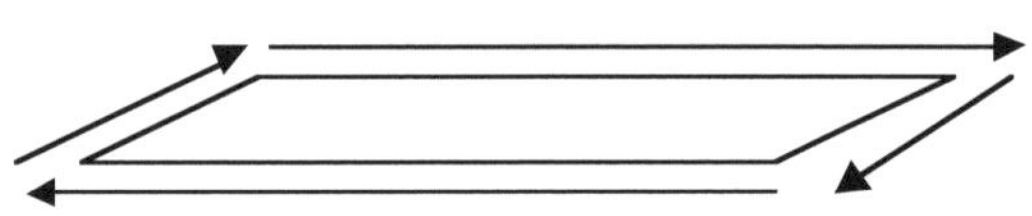

Grundriss der Mauer:
Volumen Schnee : Grundriss Mauer = Höhe Mauer

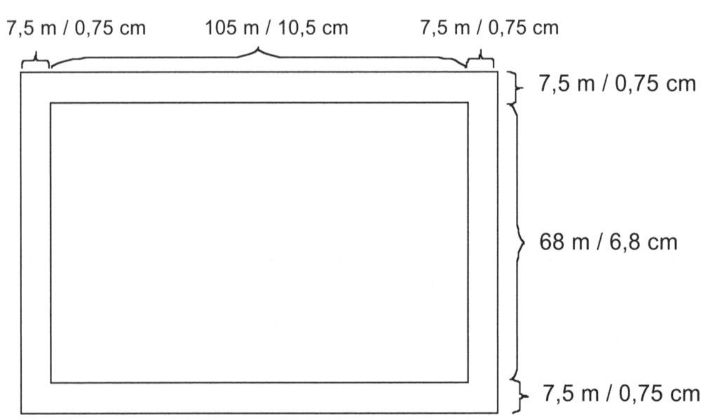

Fläche Gesamtfeld in m^2:
$83 \cdot 120 = 9.960$

Umfang Gesamtfeld in m:
$2 \cdot 120$ m + $2 \cdot 83$ m = 406 m

Volumen des Schnees in m^3:
$9.960 \cdot 0,2 = 1.992$

Grundriss der Mauer in m^2:
$406 \cdot 1,20 = 487,20$

Höhe der Mauer in m:
1.992 : 487,20 = 4,09

Möglichkeiten zur Weiterarbeit:
Diese Rechnung stimmt nicht exakt, da die Überlappungen der Mauer nicht mitgerechnet wurden. Für die Schneemauer würde dies als Annäherung reichen, da die Frage war, ob die Bandenhöhe überschritten wird, was deutlich der Fall ist.

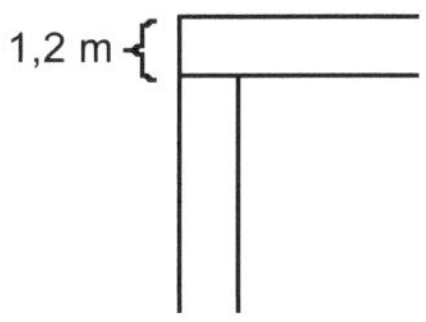

Für die exakte Berechnung müssen 4 · 1,2 m zur Länge addiert werden. Damit ergibt sich:
Die Schüler könnten hier entscheiden müssen, ob die Mauer dadurch höher oder niedriger wird.

Folgende Berechnung ist exakter:

Grundriss der Mauer in m^2:
401,8 · 1,20 = 482,16

Höhe der Mauer in m:
1.992 : 482,16 = 4,13

„Wohin muss der Beamer?" (Geometrie)

Übungsheft S. 47

Anbindung an die Bildungsstandards:

L (2)
Die Schüler
- nehmen in ihrer Umwelt gezielt Messungen vor oder entnehmen Maßangaben aus Quellenmaterial führen damit Berechnungen durch und bewerten die Ergebnisse sowie den gewählten Weg in Bezug auf die Sachsituation

L (3)
Die Schüler
- erkennen und beschreiben geometrische Strukturen in der Umwelt
- analysieren und klassifizieren geometrische Objekte der Ebene und den Raumes

K (2)
- den Bereich oder die Situation, die modelliert werden soll, in mathematische Begriffe, Strukturen und Relationen übersetzen

K (3)
- Bereiche oder Situationen, die modelliert werden sollen, in mathematische Begriffe, Strukturen und Relationen übersetzen
- in dem jeweiligen Modell arbeiten
- Ergebnisse in dem entsprechenden Bereich oder in der entsprechenden Situation interpretieren und prüfen

Hinweise und Lösungsansätze:

Gegeben sind durch die Situation zwei ähnliche Dreiecke, deren Seitenverhältnisse einander entsprechen.
1 : 0,5 = x : 3
Damit muss der Beamer 6 m von der Leinwand entfernt stehen.

„Römischer Bogen" (Geometrie)

Übungsheft S. 48

Anbindung an die Bildungsstandards:

Die Schüler sollen folgende Kompetenzen unter Beweis stellen:
- geeignete heuristische Hilfsmittel (Skizze) auswählen und anwenden (K2),
- eine Sachsituation in eine mathematische Struktur übersetzen (K3),
- mit dem mathematischen Modell („Halbkreis") arbeiten (K3),
- mit Formeln umgehen können (K5),
- eine Form der Darstellung verwenden (K4),
- Überlegungen und Lösungswege dokumentieren (K6),
- Lösungen auf Plausibilität überprüfen (K2).

Dabei müssen sie innerhalb der Leitidee **„Raum und Form" (L3)**
- geometrische Objekte erkennen und beschreiben,
- Schrägbilder anfertigen,

und innerhalb der Leitidee **„Messen" (L2)** müssen sie
- die Länge eines Bogens ermitteln,
- Maße, Volumen und Gewicht der Trapezsäule ermitteln.

Hinweise und Lösungsansätze:

	Lösungen und Hinweise	**Kompetenzen**	**Leitidee**
a)	Wie müssen die 13 Steine zusammen aussehen? Eine bemaßte Skizze für den Bogen erstellen	**K2**	**L3**
b)	Der „Halbkreis" mit dem Durchmesser 2,50 m hat eine Bogenlänge von $2{,}50 \cdot 3{,}14 \div 2 \approx 3{,}90$ m.	**K3**	**L2**
c)	Ein Stein hat somit eine untere Kantenlänge von $3{,}90\text{ m} \div 13 = 0{,}30$ m, außerdem sind die unteren sichtbaren Flächen quadratisch.	**K3**	**L2**
d)	Da die Steine 40 cm hoch sein sollen, bilden die parallelen Seiten einen Halbkreis mit dem Durchmesser 3,30 m.	**K2, K3**	**L3**
e)	Der „Halbkreis" mit dem Durchmesser 3,30 m hat eine Bogenlänge von $3{,}30 \cdot 3{,}14 \div 2 \approx 5{,}18$ m, die oberen Kantenlängen sind somit $5{,}18\text{ m} \div 13 = 0{,}398$ m.	**K5**	**L2**
f)	Die Steine sind somit Trapezsäulen mit den Maßen: $a = 30$ cm, $c = 39{,}8$ cm, $h = 40$ cm und $h_k = 30$ cm Somit ist das Volumen eines Steines $\frac{30+39{,}8}{2} \cdot 40 \cdot 30 = 59880\text{ cm}^3 \approx 59{,}9\text{ dm}^3$	**K5, K6**	**L2**
g)	Das Gewicht ist somit $59{,}9 \cdot 2{,}8\text{ kg} = 167{,}72\text{ kg} \approx 168$ kg.	**K5, K2**	**L2**

„Quadratische Pyramide" (Geometrie)

Übungsheft S. 49

Anbindung an die Bildungsstandards:

Die Aufgabe umfasst folgende mathematische Kompetenzen: Die Schülerinnen und Schüler müssen
- eine mathematische Argumentation entwickeln, indem sie Begründungen angeben **(K2)**,
- verschiedene Formen der Darstellung mathematischer Objekte in Einklang bringen und unterscheiden **(K4)**,
- Beziehungen zwischen Darstellungsformen erkennen **(K4)**,
- in verschiedenen Bereichen der Zeichnung die mathematische Struktur „rechtwinkliges Dreieck" erkennen und Berechnungen dazu durchführen **(K3)**,
- Lösungsverfahren ausführen **(K5)**,
- Lösungswege dokumentieren, verständlich darstellen und präsentieren **(K6)**.

Im Rahmen der **Leitidee „Messen" (L2)** berechnen die Schülerinnen und Schüler Volumen und Oberfläche einer Pyramide.
Innerhalb der **Leitidee „Raum und Form" (L3)**
- erkennen und beschreiben sie geometrische Figuren,
- stellen sie Körper dar und erkennen Körper an Darstellungen,
- beschreiben und begründen sie Eigenschaften geometrischer Objekte,
- wenden sie Sätze der ebenen Geometrie an, insbesondere den Satz des Pythagoras,
- zeichnen und konstruieren sie geometrische Figuren mit Lineal und Geodreieck.

Hinweise und Lösungsansätze:

Zu a): Welche Strecken müssten gleich lang sein, sind es in der Zeichnung aber nicht?
Zu e): und f): Zeichne Dreiecke, die in der Wirklichkeit rechtwinklig sind, farbig ein.
Zu g): zuerst Checkliste aufstellen

	Lösungen	**Kompetenzen**	**Leitideen**
a.	Obwohl die Diagonalen gleich lang sind, sind sie im Schrägbild unterschiedlich. Die Seiten s sind in Wirklichkeit ebenfalls gleich lang, in der Darstellung haben sie vier unterschiedliche Längen.	**K2**	**L3**
b.	Die Strecken AB und DC, Seitenhöhe h_s, die Körperhöhe h_k, die Strecke $\frac{\alpha}{2}$ und der rechte Winkel beim Punkt F sind maßgenau.	**K2**	**L3**
c.	$V = \frac{1}{3} \cdot a^2 \cdot h_k$ $= \frac{1}{3} \cdot 36 \cdot 4$ $= 12 \cdot 4$ $= 48\ cm^3$	**K5**	**L2**
d.	Netz, Quadrat mit vier gleichschenkligen Dreiecken, die Dreieckshöhe muss 5 cm sein.	**K4**	**L3**

	Lösungen	Kompetenzen	Leitideen
e.	Die Höhe der Dreiecke wird mit dem Pythagoras errechnet. $\frac{\alpha}{2}$ und h_k sind die beiden Katheten. Sie sind 3 cm und 4 cm lang. Also ist: $h_s^2 = 3^2 + 4^2_s$ $h_s^2 = 9 + 16$ $h_s^2 = 25$ $h_s = \sqrt{25}$ $h_s = 5$ cm Die Grundfläche ist $a^2 = 36$ cm², die 4 Dreiecke sind $4 \cdot \frac{1}{2} \cdot 6 \cdot 5 = 60$ cm². Die Oberfläche ist also 96 cm².	K3	L3, L2
f.	Die Länge des Edelstahldrahtes: $4 \cdot a = 4 \cdot 6 = 24$ cm $h_k = 4$ cm $h_s = 5$cm $\frac{\alpha}{2} = 3$ cm $d^2 = a^2 + a^2$ $d^2 = 36 + 36$ $d = \sqrt{25} \approx 8,5$ cm $2 \cdot d = 17$ cm $s^2 = 3^2 + 5^2$ $s = \sqrt{34} \approx 5,8$ cm $4 \cdot s = 23,2$ cm $24 + 4 + 5 + 3 + 17 + 23,2 = 76,2$ cm	K3	L2, L3

„Perspektive" (Geometrie)

Übungsheft S. 50

Anbindungen an die Standards:

Unter der Leitidee **„Raum und Form" (L3)**

- stellen die Schülerinnen und Schüler Körper als Schrägbilder dar,
- wenden sie Sätze der ebenen Geometrie zur Konstruktion und Berechnung von Längen an,
- zeichnen und konstruieren sie geometrische Figuren wahlweise mit Zirkel und Geodreieck, mit Geometrie-Software, auch im kartesischen Koordinatensystem.

Sie verwenden je nach Situation und Zweck unterschiedliche Darstellungsformen **(K4)**, beschreiben und begründen Lösungswege **(K1)** und präsentieren Lösungswege und Ergebnisse **(K6)**.

Hinweise und Lösungsansätze:

Es ist sinnvoll, immer zuerst den Grundriss in der Draufsicht zu zeichnen. Dann bestimmt und kennzeichnet man die quer zum Betrachter liegenden Strecken, dann die Fluchtlinien. Die Höhen werden anschließend im 90 °-Winkel zu den Frontlinien auf den Fußpunkt (Pyramide) oder die Fußpunkte (Säule) gezeichnet.

Die Aufgaben sind zur Berechnung von Strecken gut geeignet.
Im Sechseck ist die Strecke AE gleich der doppelten Höhe im gleichseitigen Dreieck.
Im Achteck bilden AIH ein gleichschenklig-rechtwinkliges Dreieck.
Auch eine Darstellung im Koordinatensystem nach Berechnung der Eckpunkte ist sinnvoll.

Die Sechseckpyramide

1.) Die Strecke FC zeichnen. Dabei ist die Strecke FG = HC. GH ist doppelt so lang.

2.) In G und H die Fluchtlinien antragen.

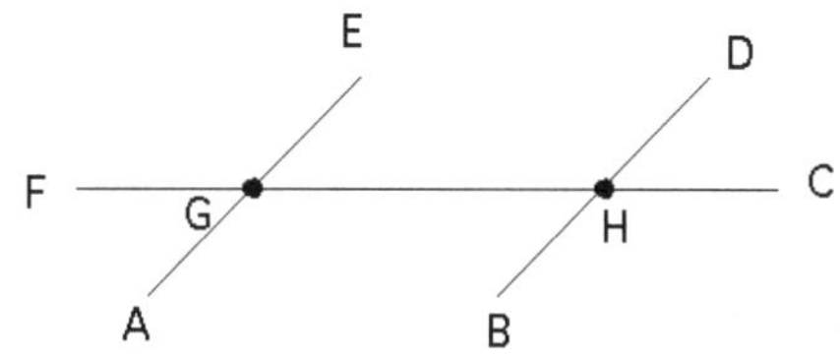

3.) Die Eckpunkte verbinden und in der Mitte von GH die Höhe errichten.

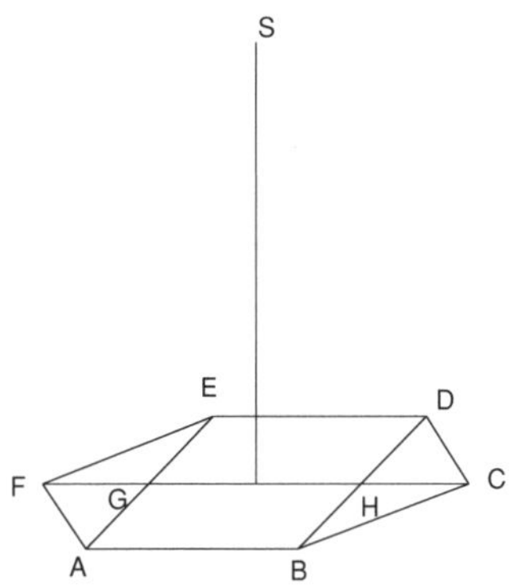

4.) Jeden Punkt mit S verbinden

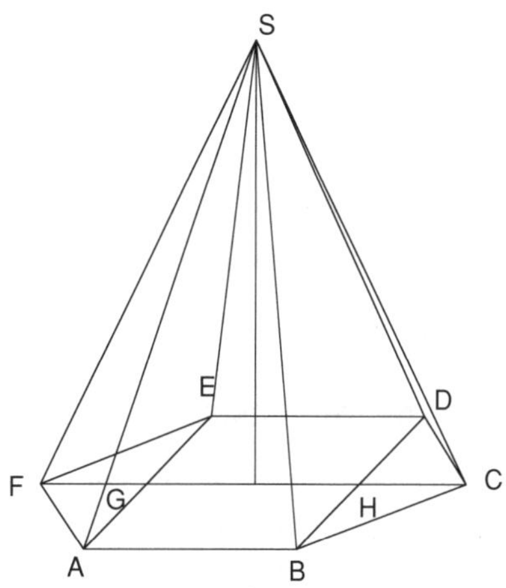

Die Achteckpyramide

1.) Das innere Viereck wird als Parallelogramm konstruiert, Winkel 45 °, Schräglinien verkürzt.

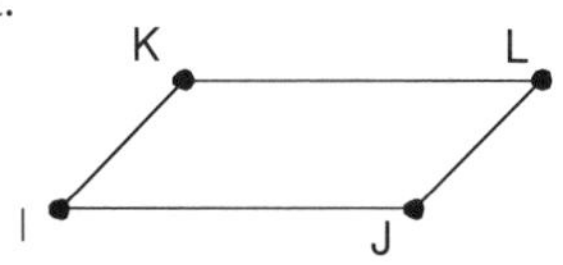

2.) Die Linien werden verlängert, Länge mit dem Pythagoras berechnen, Schräglinien auf die Hälfte verkürzen.

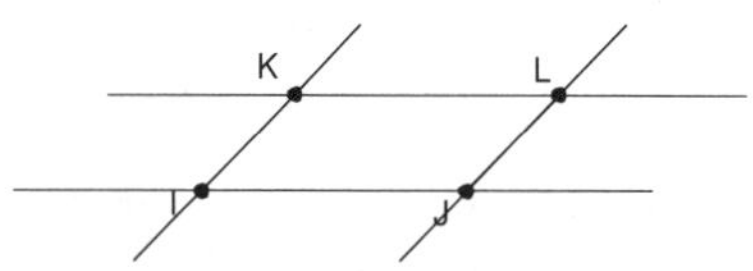

4.) In den Eckpunkten die Höhen errichten.

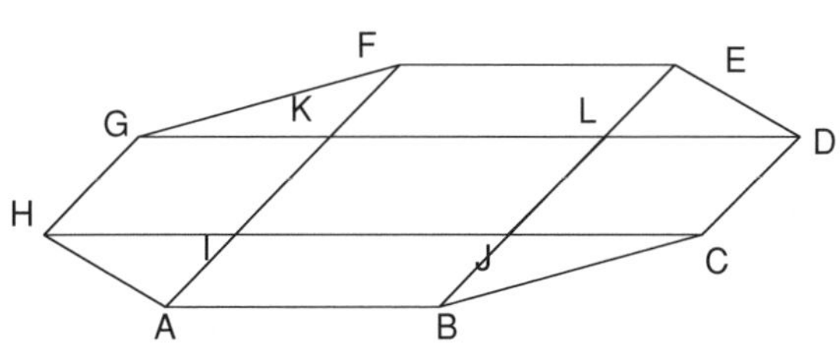

3.) Eckpunkte verbinden und benennen.

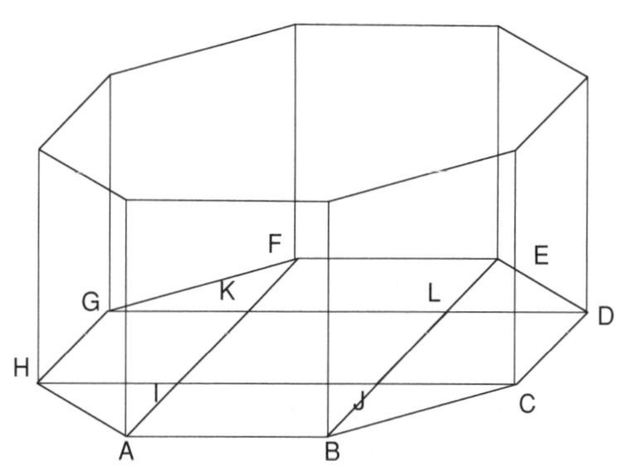

Möglichkeiten zur Weiterarbeit

Zylinder, Kegel, mehrstöckige Körper, Körper mit Löchern

„Das liegende Ölfass" (Geometrie)

Übungsheft S. 51–52

Anbindung an die Standards

Als mathematische Kompetenzen wird von den Schülerinnen und Schülern gefordert,

a) einen Lösungsweg zu beschreiben und zu begründen **(K1)**,
b) geeignete heuristische Hilfsmittel und Strategien auszuwählen und anzuwenden **(K2)**,
c) das Finden von Lösungsideen zu reflektieren **(K2)**,
d) den zu modellierenden Bereich in mathematische Begriffe und Strukturen zu übersetzen **(K3)**,
e) unterschiedliche Darstellungsformen je nach Situation auszuwechseln **(K4)**,
f) mit Variablen und Termen zu arbeiten **(K5)**,
g) mathematische Werkzeuge (Taschenrechner, Software) sinnvoll und verständig einzusetzen **(K5)**,
h) die Überlegungen, Lösungswege und Ergebnisse zu dokumentieren und verständlich darzustellen **(K6)**.

Innerhalb der **Leitidee „Messen" (L2)**

a) wählen sie Einheiten von Größen situationsgerecht aus,
b) berechnen sie Volumen von Zylindern,
c) berechnen sie Streckenlängen und Winkelgrößen, auch unter Nutzung von trigonometrischen Beziehungen.

Hinweise und Lösungsansätze:

Die Aufgabe ist auf verschiedene Weisen lösbar.

a) Maßstabszeichnung mit Auszählen der mm≤ und Berechnung des Volumens.
b) Maßstabszeichnung mit Ausmessen der Strecke AB und des Winkels AMB.
c) Berechnung von AB mit dem Pythagoras und des Winkels AMB mit dem Kosinus.
d) Wie Lösung c, aber ganz allgemein mit Hilfe der Tabellenkalkulation.

	Lösungen	Kompetenzen	Leitidee
a)	Man fertigt eine genaue Maßstabszeichnung im Verhältnis 1 : 10 an. 1 mm^2 in der Zeichnung entspricht dann 1 cm^2 in der Wirklichkeit. Bei einer Säulenhöhe von 500 cm repräsentiert ein mm^2 also 500 cm^2, also einen halben Liter Öl. Durch Abzählen findet man so den Verbrauch. Die Methode hat den Nachteil, dass manche mm^2 nur teilweise zur Fläche gehören. Man muss also Teile zu Ganzen zusammenfassen.	K1, K2, K4	L2
b)	Man fertigt eine Maßstabszeichnung an und misst AB und den Winkel AMB. Man berechnet den Flächeninhalt des Dreiecks und den Kreisausschnitt AMB. Die letzte Fläche zieht man von der ersten ab. Achtung: Ist das Fass über die Mitte gefüllt, muss die Dreiecksfläche addiert werden. Mit Hilfe der Fasslänge berechnet man das Volumen.	K1, K2, K3	L2
c)	FM ist die Differenz aus dem Radius und der gemessenen Höhe. AM ist der Radius. Mit dem Pythagoras lässt sich AF, also auch AB berechnen. Damit haben wir die notwendigen Maße zur Berechnung der Dreiecksfläche. AF ÷ AM ist der Kosinus des Winkels AMF. Daraus lässt sich der Winkel des Kreisausschnitts und damit seine Fläche berechnen.	K1, K2, K3, K5	L2

	Lösungen	Kompetenzen	Leitidee
d)	Wenn man mit der Tabellenkalkulation die Fläche des Dreiecks berechnet, wird der Flächeninhalt durch den Kosinus eines Winkels über 90 ° negativ. Wenn man den negativen Wert subtrahiert, addieren wir ihn. Man muss hierbei also nicht wie in b) die beiden Fälle unterscheiden. Natürlich ist es bei dieser Lösungsart sinnvoll, den einmal gefundenen Lösungsweg zu kopieren und ihn geringfügig zu modifizieren. Auch die Differenz kann automatisch ermittelt werden. Etwas irritiert werden die Schüler reagieren, weil die Tabellenkalkulation den Kosinus als Bogenmaß angibt.	K1, K2, K3, K5	L2
e)	Um die Aufgabe lösen zu können, muss man natürlich den Fassinhalt in b) und c) zweimal berechnen und die Differenz der Ergebnisse ermitteln. Dann kann man das Ergebnis darstellen.	K1, K2, K6	L2

Fassentnahme	**Befehlsstruktur**				
Länge:	420	cm			
Durchmesser:	150	cm			
1. Messung:	24	cm			
2. Messung:	12	cm			
Entnahme:	=B25*B3/1000	Liter			
Radius:	=B5/2	cm			
1. Cos.	=ARCCOS((B13-B7)/B13)		2.Cos:	=ARCCOS((B13-B9)/B13)	
Winkel:	=2*GRAD(B14)	Grad	Winkel:	=2*GRAD(E14)	Grad
Kreisausschnitt 1:	=B13*B13*3,14*B15/360	cm^2	Kreisausschnitt 2:	=B13*B13*3,14*E15/360	cm^2
Grundlinie 1:	=2*WURZEL(B13*B13-(B13-B7)*(B13-B7))	cm	Grundlinie 2:	=2*WURZEL(B13*B13-(B13-B9)*(B13-B9))	cm
Dreieck 1:	=B19*(B13-B7)/2	cm^2	Dreieck 2:	=E19*(B13-B9)/2	cm^2
Fläche 1:	=B17-B21	cm^2	Fläche 2:	=E17-E21	cm^2
Differenz:	=B23-E23	cm^2			

2. Messung:	12	cm			
Entnahme:	488,0509924 Liter				
Radius:	75	cm			
1. Cos.	0,82		2. Cos:	0,573513104	
Winkel:	94,31271391	Grad	Winkel:	65,71976076	Grad
Kreisausschnitt 1:	4627,217526	cm^2	Kreisausschnitt 2:	3224,375762	cm^2
Grundlinie 1:	109,9818167	cm	Grundlinie 2:	81,3879598	cm
Dreieck1:	2804,536325	cm^2	Dreieck2:	2563,720734	cm^2
Fläche 1:	1822,681201	cm^2	Fläche 2:	660,6550286	cm^2
Differenz:	1162,026172	cm^2			

„Schwerpunkt" (Geometrie / Funktionen)

Übungsheft S. 53

Anbindung an die Bildungsstandards:

Innerhalb der **Leitidee Raum und Form (L3)**

- erkennen die Schülerinnen und Schüler Strukturen in ihrer Umwelt,
- operieren sie gedanklich mit Strecken und Flächen,
- stellen sie geometrische Figuren im Koordinatensystem dar,
- beschreiben und begründen sie Eigenschaften geometrischer Objekte und nutzen diese zur Analyse von Zusammenhängen,
- setzen sie geeignete Hilfsmittel zum explorativen Arbeiten ein.

Dabei schulen sie folgende Kompetenzen:

- Sie nutzen geeignete heuristische Hilfsmittel **(K3)**.
- Sie arbeiten mit Variablen **(K5)**.
- Sie nutzen mathematische Werkzeuge **(K5)**.
- Sie erkennen Beziehungen innerhalb von Darstellungen **(K4)**.
- Sie entwickeln mathematische Argumentationen **(K1)**.

Hinweise und Lösungsansätze:

zu Aufgabe 1:
Dass die Koordinaten des Mittelpunkts einer Strecke der Durchschnitt der Eckpunkte sind, mag wenig überraschen. Doch liegt die Gesetzmäßigkeit tiefer. Sind A $(x_1;y_1)$ und B $(x_2;y_2)$ Eckpunkte einer Strecke, die von Punkt P im Verhältnis 3 : 1 geteilt wird, so ist der Wert der Koordinaten des Punktes P ein Viertel von A $(x_1;y_1)$ + drei Viertel von B $(x_2;y_2)$.
zu Aufgabe 2:
Dass die Koordinaten des Schwerpunkts eines Dreiecks der Durchschnitt der Koordinaten der Eckpunkte sind, wird kaum erwartet, lässt sich aber beweisen.
Für Schüler mag dabei die Erkenntnis genügen: Wenn ich einen Eckpunkt um 3 Einheiten in eine Richtung verschiebe, wird der Schwerpunkt um eine Einheit in dieselbe Richtung verschoben.
Diese Erkenntnis ist mit dynamischer Geometrie-Software leichter zu vermitteln als z. B. in arbeitsteiligen Gruppen.

	Lösungen	Kompetenzen	Leitidee
a)	Die Koordinaten sind x = 3 und y = 4; also (3;4)	K4	L3
b)	Das nennt man Berechnung des Durchschnitts.	K4, K1	L3
c)	Wird der Eckpunkt um 2 nach rechts verschoben, wandert der Mittelpunkt um 1 nach rechts. Der Mittelpunkt bewegt sich immer um die halbe Strecke in dieselbe Richtung.	K3, K4	L3
d)	Die x – Koordinate des Schwerpunkts ist der Mittelwert der x – Koordinaten von A, B und C.	K1	L3
e)	Bewegt man den Eckpunkt eines Dreiecks in eine bestimmte Richtung, so bewegt sich der Schwerpunkt um den dritten Teil der Strecke in dieselbe Richtung.	K1, K4	L3
f)	Auf eine Seitenlinie kann man den Schwerpunkt nur zerren, wenn A, B und C auf einer Geraden liegen.	K1, K4	L3
g)	Auf einen Eckpunkt, z. B. B, kann man den Schwerpunkt nur zerren, wenn B der Mittelpunkt der Strecke AC ist.	K1, K4	L3
h)	Die Behauptung ist der formale Satz der bis dahin gewonnenen Erkenntnisse.	K5	L3

Möglichkeiten der Weiterarbeit
Der Schwerpunkt im Rechteck, Parallelogramm
Der Mittelpunkt des Umkreises im spitzwinkligen, rechtwinkligen und stumpfwinkligen Dreieck
Thalessatz

„Würfeln" (Stochastik, Wahrscheinlichkeitsrechnung)

Übungsheft S. 54

Anbindung an die Bildungsstandards:

Die Aufgabe besteht aus mehreren zum Teil abhängigen Teilaufgaben, wobei folgende mathematischen Kompetenzen geschult werden:

- mathematische Darstellungen verwenden (K4)
- Tabelle erarbeiten (K5)
- mathematische Argumentation entwickeln (K1)
- mit geeigneten Hilfsmitteln (Abzählen, Prozentrechnung) eine Lösung finden. (K2)

Leitideen sind **„Daten und Zufall" (L5)** sowie **„Zahl" (L1).**

Hinweise und Lösungsansätze:

	Lösungen und Hinweise	Leitideen	Kompetenzen
1)	Baumdiagramm, 36 Zahlenpaare (1;1), (1;2), (1;3), ... (6;5), (6;6)	**L5**	**K4**
2)	Tabelle 15 P ... 1 P 15 P: (3;5), (5;3) 14 P: – 13 P: – 12 P: (6;6), (2;6), (2;6), (3;4), (4;3) 11 P: (6;5), (5;6) 10 P: (5;5), (6;4), (4;6), (2;5), (5;2) 9 P: (3;3), (6;3), (3;6), (5;4), (4;5) 8 P: (4;4), (2;4), (4;2) 7 P: (6;1), (1;6) 6 P: (5;1), (1;5), (2;3), (3;2) 5 P: (4;1), (1;4) 4 P: (2;2), (3;1), (1;3) 3 P: (2;1), (1;2) 2 P: (1;1)	**L1**	**K5**
3)	1 ist neutrales Element der Multiplikation	**L1**	**K1**
4)	„günstige" Ereignisse der Gesamtzahl der Ereignisse gegenüberstellen, Prozentsatz berechnen, Regel aufstellen Mit dem Wurf (5;2) erreicht man 10 Punkte. 9 Würfe sind besser. 9 von 32 = 28,125 %. Die Wahrscheinlichkeit, dass man mit dem Wurf (2;5) verliert, liegt bei 30 %.	**L5**	**K2**

„Kugeln ziehen“ (Wahrscheinlichkeitsrechnung)

Übungsheft S. 55

Anbindung an die Bildungsstandards:

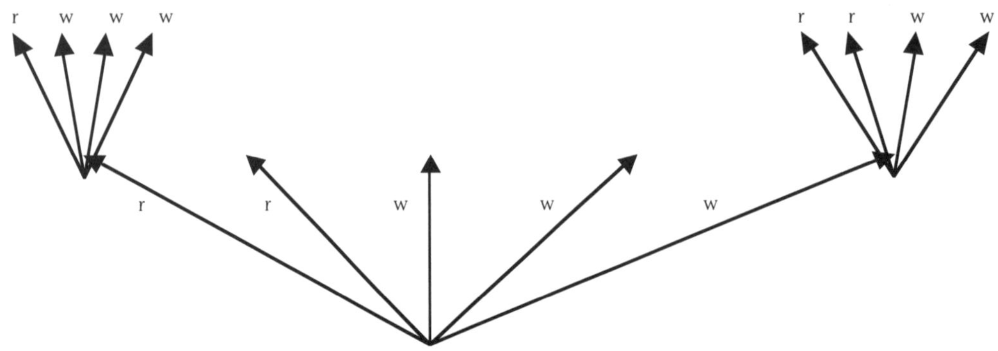

Die Aufgabe ist durch ihren Spielcharakter und den einfachen Gewinnplan für Schülerinnen und Schüler gut überschaubar. Bei der Bearbeitung müssen sie im Rahmen der Leitideen **„Zahl und Zufall“ (L5)** und **„Funktionaler Zusammenhang“ (L4)**

- einen Lösungsweg beschreiben (K1),
- eine Strategie auswählen (K2),
- eine sinnvolle Darstellungsform verwenden (K4),
- mit Funktionen arbeiten (K5),
- mathematisch modellieren (K3).

Hinweise und Lösungsansätze:

	Lösungen und Hinweise	Leitidee	Kompetenzen
a)	Aufstellung eines Ereignisbaumes unter Berücksichtigung, dass die gezogene Kugel nicht zurückgelegt wird. Es gibt 20 Ausfälle.	L5	K2
b)	Die Ausfälle für „gewonnen“, „Geld zurück“ und „verloren“ feststellen. (r;r) gibt es 2-mal, (w;w) gibt es 6-mal, (r;w) oder (w;r) gibt es 12-mal.	L5	K2
c)	Die Prozentsätze errechnen: Bei 10 % aller Spiele wird gewonnen, bei 30 % der Spiele gibt es den Einsatz zurück, 60 % der Spiele werden verloren.	L4	K5
d)	Die ungefähre Anzahl für „gewonnen“, „verloren“ und „Geld zurück“ feststellen: Bei 3000 Spielen werden ca. 300 Spiele vom Spieler gewonnen, bei ca. 900 Spielen gibt es den Einsatz zurück, ca. 1800 Spiele werden verloren.	L4	K5
e)	Die Einnahmen, Auszahlungen und vermutlichen Gewinn berechnen: Der Einsatz bei 3000 Spielen beträgt 6000 €, bei vermutlich 300 gewonnenen Spielen werden 3000 € ausgezahlt, 900-mal gibt es den Einsatz zurück. Es bleiben 1200 € beim Veranstalter.	L4	K5
f)	Das Ergebnis auf seine Genauigkeit / Ungenauigkeit würdigen.	L5	K3

„Gold, Silber, Bronze" (Stochastik)

Übungsheft S. 56

Anbindung an die Bildungsstandards:

Die Schülerinnen und Schüler argumentieren mathematisch, indem sie einen Lösungsweg beschreiben **(K1).**
Sie wählen dabei eine geeignete Strategie zum Problemlösen aus und wenden sie an **(K2).**
Sie übersetzen eine Situation in eine mathematische Struktur, erarbeiten in ihr eine Lösung, interpretieren und prüfen die Ergebnisse **(K3).**

Dabei beschreiben die Schülerinnen und Schüler Zufallserscheinungen und bestimmen die Möglichkeiten der Kombinationen. Sie arbeiten also innerhalb der **Leitidee „Daten und Zufall" (L5).**

Hinweise und Lösungsansätze:

Es geht darum, wie viele 3er-Kombinationen mit Reihenfolge es bei 8 Elementen gibt.
1. Man kann beginnen, indem man mit System die Möglichkeiten auslotet.

ABC	ACB	ADB
ABD	ACD	ADC
ABE	ACE	ADE
ABF	ACF	
ABG	ACG	usw.
ABH	ACH	

Ist A Sieger, kann jeder andere Zweiter werden (also 7) und dabei gibt es jeweils 6 potenzielle Dritte. Da aber jeder der 8 Teilnehmer Sieger sein kann, gibt es
$8 \cdot 7 \cdot 6 = 336$ Möglichkeiten.

2. Lösung der Zusatzaufgabe:
Da eine Position festgelegt ist, gibt es nur noch $7 \cdot 6 = 42$ Möglichkeiten. Wenn nämlich D Zweiter ist, können die Kombinationen nur so aussehen:
ADB
ADC
ADE
ADF
ADG
ADH
B, C, E, F, G oder H könnten aber auch Sieger sein.

Möglichkeiten zur Weiterarbeit:
Bei der Quizsendung „Wer wird Millionär?" müssen in der Einstiegsaufgabe vier Knöpfe A, B, C und D entsprechend einer Aufgabe in bestimmter Reihenfolge gedrückt werden. Wie groß sind die Chancen, wenn man von der Lösung keine Ahnung hat und die vier Knöpfe einfach in beliebiger Reihenfolge drückt?

n! – der Fakultätsbegriff

„Einarmiger Bandit" (Stochastik)

Übungsheft S. 57

Anbindung an die Bildungsstandards:

In dieser Aufgabe müssen die Schülerinnen und Schüler
- mathematisch argumentieren, indem sie einen Lösungsweg beschreiben und begründen **(K1)**,
- mit dem mathematischen Modell „Baumdiagramm" arbeiten **(K3)**,
- die Ergebnisse des Modells interpretieren und prüfen **(K3)**,
- Lösungswege dokumentieren und verständlich darstellen **(K6)**.

Innerhalb der **Leitidee „Daten und Zufall" (L5)**
- beschreiben sie Zufallserscheinungen in einer alltäglichen Situation,
- bestimmen sie Wahrscheinlichkeiten bei Zufallsexperimenten.

Hinweise und Lösungsansätze:

Ein dreistufiges Baumdiagramm fördert das Finden des Lösungsweges.

	Lösungen	Kompetenzen	Leitidee
	Baumdiagramme machen Zusammenhänge deutlich.	K1, K3	L5
a.	Jede rotierende Scheibe hat 8 Felder. Es gibt also $8^3 = 512$ Ausfälle.	K3	L5
b.	Will ein Spieler alle Ausfälle einmal erreichen, muss er mindestens $512 \cdot 0{,}20$ € = 102,40 € einsetzen.	K3	L5
c.	Da 0,20 € auf jeder Scheibe dreimal steht, gibt es für diesen Betrag $3^3 = 27$ günstige Ausfälle, wodurch ein Betrag von 5,40 € erzielt wird. Für den Gewinn von 0,50 € und von 1,00 € gibt es jeweils $2^3 = 8$ günstige Ausfälle, was zu einem „Gewinn" von 4,00 € bzw. 8,00 € führt. Die 10,00 € gibt es nur einmal als Gewinn. Der Gesamtbetrag, der bei allen Spielausfällen erzielt wird, ist somit 27,50 €.	K6, K3	L5
d.	27,50 € ist mehr als 25 % von 102,40 €. Dieser Automat erfüllt also die gesetzlichen Bedingungen.	K6	L5

Möglichkeiten zur Weiterarbeit:

Die Einführung eines Jokers statt der 10 € führt zu neuen Überlegungen, die man ebenfalls im Baumdiagramm deutlich machen kann.

„Schulfest“ (Stochastik)

Übungsheft S. 58

Anbindung an die Bildungsstandards:

Die Situation ist für Schülerinnen und Schüler gut vorstellbar und häufig auch realistisch. Bei der Lösung der Aufgabe sollen sie

- Fragen stellen und Vermutungen begründet äußern **(K1)**,
- geeignete Strategien zur Problemlösung anwenden **(K2)**,
- eine Situation (Ziehung) in eine mathematische Struktur übersetzen **(K3)**,
- die übereinstimmenden Ergebnisse von zwei anscheinend verschiedenen Verfahren interpretieren und prüfen **(K3)**,
- in der Prognose die Plausibilität der Ergebnisse überprüfen **(K4)**.

Innerhalb der Leitidee **Daten und Zufall (L5)** beschreiben sie dabei Zufallserscheinungen und sie bestimmen die Wahrscheinlichkeit bei Zufallsexperimenten.

Hinweise und Lösungsansätze:

Feste Gewinne für richtige Tipps sind für eine Schulklasse zu risikoreich. Eine große Anzahl richtiger Tipps führt zu hohen Ausgaben, eventuell sogar zu einem Defizit.
Bei beteiligungsorientierten Gewinnen wird festgelegt, dass 25 % der Einnahmen ausgeschüttet werden. Dieser Betrag wird auf die Gewinner aufgeteilt.

	Lösungen	Kompetenzen	Leitideen
a)	Bei der Ziehung von Lottozahlen kommt es nicht auf die Reihenfolge an, in der die Kugeln gezogen werden. Wenn a die Anzahl der Kugeln in der Trommel ist und b die Zahl der anzukreuzenden Zahlen, dann wird die erste gezogene Kugel mit der Wahrscheinlichkeit $\frac{b}{a}$ eine richtig gezogene Kugel sein. Die Wahrscheinlichkeit für die nächste richtige Zahl ist $\frac{b-1}{a-1}$ usw.	K1, K2, K3	L5
b)	Beim Lotto 4 aus 10 gibt es $\frac{10 \cdot 9 \cdot 8 \cdot 7}{1 \cdot 2 \cdot 3 \cdot 4} = 210$ verschiedene Ausfälle.	K2	L5
c)	Beim Lotto 5 aus 10 gibt es $\frac{10 \cdot 9 \cdot 8 \cdot 7 \cdot 6}{1 \cdot 2 \cdot 3 \cdot 4 \cdot 5} = 252$ verschiedene Ausfälle.	K2	L5
d)	Beim Lotto 6 aus 10 gibt es $\frac{10 \cdot 9 \cdot 8 \cdot 7 \cdot 6 \cdot 5}{1 \cdot 2 \cdot 3 \cdot 4 \cdot 5 \cdot 6} = 210$ Möglichkeiten.	K2	L5
e)	Die Überraschung ist die gleiche Anzahl der Möglichkeiten in 4 aus 10 und in 6 aus 10. Erklärung: Mit der Vorhersage von 4 gezogenen Zahlen sagt man gleichzeitig vorher, welche 6 Zahlen nicht gezogen werden (und umgekehrt). Am einfachsten zu begreifen ist diese Umkehrung bei 1 aus 10 und 9 aus 10. In beiden Fällen gibt es jeweils 10 mögliche Ausfälle.	K3	L5

Die von den Schülern berechnete Prognose sieht so aus:

	Lösungen	Kompetenzen	Leitideen
a)	Bei 1500 abgegebenen Tipps zu je 50 ct betragen die Einnahmen 750 €.	K4	L5
b)	Bei 252 verschiedenen Ausfällen sind bei 1500 Tipps 6 richtige Lösungen zu erwarten.	K4	L5
c)	25 % von 750 € sind 187,50 €.	K4	L5
d)	Jeder der 6 Gewinner bekäme 31,25 €.	K4	L5
e)	Die Klasse erwartet einen Gewinn von 562,50 €.	K4	L5

Hinweise zur Weiterarbeit:
Lotto 6 aus 49, Gewinnklassen, Wer knackt den Jackpot?

„Im Hochgebirge" (Geometrische Reihen)

Übungsheft S. 59

Anbindung an die Bildungsstandards:

Zur Lösung dieser Aufgabe müssen die Schülerinnen und Schüler
- mathematisch argumentieren („Wie verändert sich...?") **(K1)**,
- das vorgegebene Problem bearbeiten **(K2)**,
- eine Strategie zum Problemlösen auswählen und anwenden **(K2)**,
- eine Situation in mathematische Begriffe, Relationen und Strukturen umsetzen **(K3)**,
- mathematische Werkzeuge (Taschenrechner) sinnvoll einsetzen **(K5)**,
- Lösungswege dokumentieren und verständlich darstellen **(K6)**.

Dabei arbeiten die Schülerinnen und Schüler innerhalb der **Leitidee „Funktionaler Zusammenhang" (L4)**, indem sie
- funktionale Zusammenhänge erkennen und beschreiben und diese in sprachlicher Form darstellen,
- die Effektivität ihres Vorgehens mit anderen Lösungsverfahren vergleichen,
- Exponentialfunktionen bei der Beschreibung und Bearbeitung von Problemen anwenden,
- zur vorgegebenen Sachsituation andere angeben, die mithilfe gleicher Funktion beschrieben werden können.

Innerhalb der **„Leitidee Zahl" (L1)**
- wenden sie die Prozentrechnung sachgemäß an und
- nutzen Rechengesetze.

Hinweise und Lösungsansätze:

Diese Aufgabe sollte erst gestellt werden, nachdem Aufgaben der Zinseszinsrechnung mit Tabelle und Taschenrechner bearbeitet worden sind.
Die Formel
$K_0 \cdot q^n = K_e$
kann auf alle Wachstumsprozesse sinnvoll angewendet werden.
Bei der Berechnung der Zeit (n) gibt man dabei den Wachstumsfaktor q als Konstante in den Taschenrechner und zählt dabei ab, wie oft man das Gleichheitszeichen drücken muss, bis man das Endkapital erreicht. Gegebenenfalls muss man interpolieren.

Zu 1): Der Wachstumsfaktor ist $\frac{100-1{,}2}{100}$ = 0,988. Man muss den Luftdruck in Meereshöhe so oft mit 0,988 multiplizieren, bis man den Luftdruck an der Almhütte als Ergebnis hat. Jede Multiplikation bedeutet 100 Höhenmeter.

Zu 2):

1030	•	0,988	•	0,988	•	0,988	•	0,988	usw.

Zu 3): Hier ist es schwierig, den Weg anzugeben, weil bei den verschiedenen Taschenrechnern das Eingeben der Konstanten unterschiedlich erfolgt.

Es ist sinnvoll, dass Schülerinnen und Schüler lernen, in der Funktionsbeschreibung des Taschenrechners nachzuschauen und sich eine Sonderfunktion zu erarbeiten.
Die Lösung liegt darin, wie oft man die Gleichtaste drückt. Man muss dabei mitzählen.

Zu 4): Nach dem 25. Druck auf die Gleichtaste wird der Wert 761,7, beim nächsten Drücken wird 752,6 angezeigt. So kann man abschätzen, dass der gesuchte Wert für n etwa 25,2 beträgt. Die Hütte muss also etwa in $100 \cdot 25{,}2 \approx 2.520$ m Höhe liegen.

Zu 5): Aus der Formel $K_0 \cdot q^n = K_e$ ergibt sich
$\log K_0 + n \cdot \log q = \log K_e$, was zu
$n = (\log K_1 - \log K_0) \div \log q$ führt.
Aus n = 25,18 erhält man dann als errechnete Höhe 2.518 m.

Zu 6): In die 3. Zeile der Tabellenkalkulation setzt man ohne Leertaste ein:
= (log(B1) - log(B2)) ÷ log(0,988)

„Ötzi" (Exponentialfunktionen)

Übungsheft S. 60

Anbindung an die Bildungsstandards:

Die Schülerinnen und Schüler sollen
- eine Situation in mathematische Strukturen und Begriffe übersetzen **(K3)**,
- natürliche Sprache in symbolische Sprache übersetzen **(K5),**
- mit Termen arbeiten **(K5)**,
- Lösungsverfahren ausführen **(K5)**,
- die Plausibilität der Ergebnisse (anhand von f) überprüfen **(K2)**,
- die Ergebnisse verständlich darstellen **(K6)**.

Die Schülerinnen und Schüler arbeiten innerhalb der **Leitidee „Zahl" (L1)**, indem sie
- Rechengesetze (hier Logarithmen) nutzen,
- Prozentrechnungen sachgerecht verwenden,
- zur Kontrolle eine Überschlagsrechnung durchführen,
- Vorgehensweisen wählen, denen Kalküle zu Grunde liegen.

Innerhalb der **Leitidee „Funktionaler Zusammenhang" (L4)**
- wenden sie Exponentialfunktionen bei der Beschreibung und Bearbeitung von Problemen an,
- beschreiben sie funktionale Zusammenhänge in einer Tabelle und in einem Graphen.

Hinweise und Lösungsansätze:

Die Aufgaben b und c können mit Hilfe der Potenzrechnung gelöst werden, das Lösen von d, e und g setzt Kenntnisse über den Umgang mit Logarithmen voraus, weil Exponenten zu berechnen sind.

	Lösungen	Kompetenzen	Leitideen
a)	$1 \cdot q^{5730} = \frac{1}{2}$	K1	L1, L4
b)	$\sqrt[5730]{0{,}5} = 0{,}99879$, auf fünf Stellen gerundet ist $q = 0{,}99988$	K5	L1
c)	Die Leiche wurde auf 3300 v. Chr. datiert, also war sie 3300 + 1992 = 5292 Jahre alt. $0{,}99988^{5292} = 0{,}5298$ Der Gehalt an ^{14}C-Atomen war also etwa 53 %.	K5	L4
d)	Die Gleichung lautet: $0{,}99988^x = 0{,}794$ $x \cdot \lg 0{,}99988 = \lg 0{,}794$ $x = \frac{\lg 0{,}794}{\lg 0{,}99988}$ x = 1922 2002 – 1922 = 80 Das wahrscheinliche Todesjahr ist also 80 n. Chr.	K5	L1
e)	Rechnet man mit der Toleranz ± 0,4 %, also mit den Werten 79 % und 79,8 %, dann findet man als frühestes 38 n. Chr. und als spätestes Todesjahr 122 n. Chr.	K5	L1
f)	Weniger als 25 % bedeutet, dass der Zeitraum länger als 2 · 5730 Jahre ist.	K2	L4
g)	$x = \frac{\lg 0{,}23}{\lg 0{,}99988}$ x = 12246 Die Mammuts starben vor ca. 12000 Jahren, also etwa 10000 v. Chr. aus.	K5	L1
h)	Tabelle aufstellen und Graph zeichnen	K6	L4

Tabelle und Graph zeigen die noch vorhandenen ^{14}C-Atome

Jahre	%
0	100
1000	88,7
2000	78,7
3000	69,8
4000	61,9
5000	54,9
6000	48,7
7000	43,1
8000	38,3
9000	34,0
10000	30,1
11000	26,7
12000	23,7

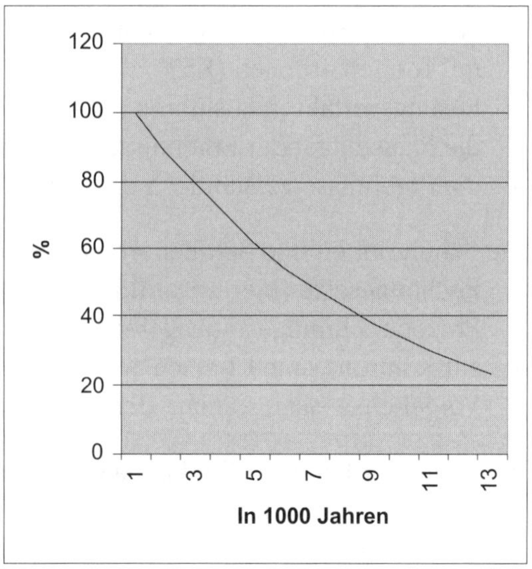

Möglichkeiten der Weiterarbeit

Weitere Aufgaben mit positivem und negativem Wachstum.

Inhaltsverzeichnis

FORUM VERLAG HERKERT GMBH
Mandichostraße 18
86504 Merching
Tel. 08233 / 381-123
Fax 08233 / 381-222
service@forum-verlag.com
www.forum-verlag.com

Bibliografische Information der Deutschen Bibliothek

Die Deutsche Bibliothek verzeichnet diese
Publikation in der Deutschen Nationalbibliografie;
detaillierte bibliografische Daten sind im Internet
über http://ddb.de abrufbar.

Satz: verlagsservice volker mollekopf · 81375 München
Druck: Verlagsdruckerei Kessler, 86399 Bobingen
Printed in Germany 2006
1. Auflage Juni 2006

ISBN-13: 978-3-86586-058-3
ISBN-10: 3-86586-058-3